河南省卫生健康委员会 指导

洪涝灾害居民安全与健康防护手册

河南省疾病预防控制中心 编著

中原农民出版社 大象出版社

· 郑州 ·

图书在版编目（CIP）数据

洪涝灾害居民安全与健康防护手册 / 河南省疾病预防控制中心编著 . — 郑州：
中原农民出版社，2021.7（2022.5 重印）
ISBN 978-7-5542-2399-4

Ⅰ . ①洪… Ⅱ . ①河… Ⅲ . ①水灾－自救互救－手册②水灾－卫生防疫－手册
Ⅳ . ① P426.616-62 ② R184-62

中国版本图书馆 CIP 数据核字 (2021) 第 150294 号

洪涝灾害居民安全与健康防护手册
HONGLAO ZAIHAI JUMIN ANQUAN YU JIANKANG FANGHU SHOUCE

出 版 人：	刘宏伟
策划编辑：	马艳茹
责任编辑：	马艳茹　赵林青　莫　为
数字编辑：	李　程　李冬蕾　邵　帅
责任校对：	尹春霞　王艳红
责任印制：	孙　瑞
装帧设计：	薛　莲
数字支持：	大象出版社

出版发行	中原农民出版社
	地址：郑州市郑东新区祥盛街 27 号 7 层　　邮编：450016
	电话：0371 － 65788013（编辑部）　0371 － 65788199（营销部）
经　　销	全国新华书店
印　　刷	河南美图印刷有限公司
开　　本	890 mm×1240 mm　A5
印　　张	4
字　　数	85 千字
版　　次	2021 年 7 月第 1 版
印　　次	2022 年 5 月第 3 次印刷
定　　价	10.00 元

如发现印装质量问题，影响阅读，请与印刷公司联系调换。

目　录

一　洪涝的危害及如何自救与求救

1　洪涝灾害是怎么回事? ……………………………… 2

2　洪涝有哪些危害? ………………………………… 3

3　城市常见的洪涝危害有哪些? ……………………… 4

4　洪涝灾害的预防要点有哪些? ……………………… 5

5　暴雨预警信号等级如何划分? ……………………… 7

6　洪水暴发时，如何安全转移? ……………………… 8

7　洪水到来时来不及转移应该怎样做? ……………… 9

8　如果被洪水包围应该怎样发出求救信号? ………… 9

9　安全避险的四个关键词是什么? ……………………10

10　在暴雨天如何预防雷击? ……………………………11

11　中暑怎么预防? ………………………………………12

12 在水中如何防止触电？ …………………… 15

13 触电后应怎样紧急救治？ ………………… 16

14 当发现有人溺水时应如何做？ …………… 17

15 暴雨期间行人外出应怎样做？ …………… 18

16 洪涝灾害期间驾驶员应怎样做？ ………… 18

17 洪涝灾害期间小区居民应如何做？ ……… 19

18 遇到山体滑坡如何自救？ ………………… 19

二 解决饮水、饮食安全

19 灾后家中的自来水，如何判定是否还能饮用？ …… 21

20 发现家里自来水颜色变黄，怎么办？ …………… 21

21 家中断水怎么办？ ………………………………… 22

22 洪涝灾害期间为什么需要重视饮用水卫生问题？ … 22

23 洪涝灾害后如何加强饮用水安全？ ……………… 23

24 洪涝期间，断水时可以接雨水应急使用吗？ …… 23

25 洪涝期间井水可以喝吗？ ………………………… 24

26 在农村地区，洪涝期间家里的缸水应如何消毒？ … 25

27 如果没有瓶（桶）装水，还有哪些应急供水

方式？ …………………………………………… 25

28 没有办法立即获得卫生饮用水，怎么自制简易
   水处理设施？ ………………………………………… 26

29 临时应急水源该怎么选？ …………………………… 26

30 洪涝灾害过后，居家如何严防病从口入？ ……… 27

31 淹死或死因不明的家禽家畜能吃吗？ …………… 28

32 洪涝灾害后家中的餐具、碗筷是否需要特殊
   消毒？ ………………………………………………… 28

33 断电后冰箱里面的食物还能吃吗？ ……………… 29

34 食物如何合理贮存？ ………………………………… 29

35 缺少食物时，可以采食野蘑菇、野菜及野果
   应急吗？ ……………………………………………… 30

36 洪涝期间，居家饮食方面需要注意什么？ ……… 30

37 农村地区，洪涝灾害中受灾的农作物，如生长期
   的粮食作物、蔬菜、瓜果等，洪水退去后还能食
   用吗？ ………………………………………………… 31

38 临时安置区给灾民集体供餐，需要注意哪些卫生
   要点？ ………………………………………………… 32

39 洪涝灾害后，家居环境怎么清洁消毒？ ………… 33

40 生活用品（家具、卫生洁具等）怎么消毒？ …… 34

41　餐厨具怎么消毒? ⋯⋯⋯⋯⋯⋯⋯⋯⋯ 34

42　瓜果蔬菜怎么消毒? ⋯⋯⋯⋯⋯⋯⋯ 35

43　手、皮肤怎么消毒? ⋯⋯⋯⋯⋯⋯⋯ 35

44　饮用水怎么消毒? ⋯⋯⋯⋯⋯⋯⋯⋯ 36

三　灾后预防传染病

45　什么是传染病? ⋯⋯⋯⋯⋯⋯⋯⋯⋯ 38

46　洪涝灾害后,居家如何防止传染病发生? ⋯⋯ 38

47　怎么预防自然疫源性疾病? ⋯⋯⋯⋯⋯ 39

48　洪涝灾害后常发生哪些传染病? ⋯⋯⋯ 39

49　细菌性痢疾怎么预防? ⋯⋯⋯⋯⋯⋯ 40

50　伤寒怎么预防? ⋯⋯⋯⋯⋯⋯⋯⋯⋯ 41

51　霍乱怎么预防? ⋯⋯⋯⋯⋯⋯⋯⋯⋯ 43

52　甲型病毒性肝炎怎么预防? ⋯⋯⋯⋯⋯ 45

53　手足口病怎么预防? ⋯⋯⋯⋯⋯⋯⋯ 47

54　肾综合征出血热怎么预防? ⋯⋯⋯⋯⋯ 48

55　钩端螺旋体病怎么预防? ⋯⋯⋯⋯⋯⋯ 50

56　布鲁氏菌病怎么预防? ⋯⋯⋯⋯⋯⋯ 52

57　血吸虫病怎么预防? ⋯⋯⋯⋯⋯⋯⋯ 53

58　疟疾怎么预防？……………………………………55

59　炭疽怎么预防？……………………………………57

四　正确处理常见疾病和外伤

60　出现皮肤浸渍怎么办？……………………………60

61　得了细菌性毛囊炎怎么办？………………………61

62　痱子怎么预防？……………………………………61

63　疖子怎么预防？……………………………………62

64　丹毒怎么预防？……………………………………64

65　儿童脓疱疮怎么预防？……………………………65

66　真菌感染性皮肤病怎么预防？……………………66

67　湿疹皮炎等过敏性皮肤病怎么预防？……………67

68　红眼病怎么预防？…………………………………68

69　高热怎么办？………………………………………69

70　得了普通感冒或流感怎么办？……………………70

71　出现外伤怎么办？…………………………………72

72　虫咬引起皮肤病怎么办？…………………………73

73　被虫咬蜇伤怎么办？………………………………74

74　被蛇咬伤怎么办？…………………………………75

75 转移时被携带的狗、猫等宠物咬伤怎么办？………76

76 如何对溺水者实施急救？ …………………78

77 怎样实施人工呼吸和胸外心脏按压急救？………79

五 灾害期间新冠疫情防控

78 为什么洪涝灾害后新冠疫情防控尤为重要？……83

79 洪涝灾害后如何做好新冠疫情防护？…………83

80 洪灾期间，怀疑身边的人感染了新冠病毒
怎么办？…………………84

81 如何防止灾后新冠疫情反弹？…………85

82 洪灾期间拟从国内外中高风险地区进入灾区人员
该怎么办？…………………85

83 受灾群众安置场所有哪些要求？…………86

84 出现哪些症状需要就医？…………………87

六 灾后环境消杀

85 洪涝灾害期间病媒生物防治原则是什么？………89

86 洪水过后首先要进行的病媒生物控制方法是什么？
…………………89

87 洪涝灾害后如何防蚊灭蚊? ·············· 90

88 灾区如何防蝇灭蝇? ·············· 91

89 灾区如何防鼠灭鼠? 有哪些方法? ·········· 92

90 关于病媒生物防治有什么需要注意的? ······ 93

91 地铁站、商场等经营场所以及街道、社区等居住
场所的消毒方式一般有哪些? ·········· 94

92 为什么要做好居家消毒? ·············· 95

93 重点消毒对象一般有哪些? ············· 95

94 使用消毒剂时应注意的事项有哪些? ·········· 96

七 应对心理压力

95 洪涝灾害后会出现哪些心理反应? ·········· 98

96 灾后人们常见的生理不适有哪些? ·········· 99

97 灾后出现心理及生理不适时, 应当怎样帮助自己?
·························· 100

98 如果一直无法入睡, 处于惊恐状态, 该怎么办?
·························· 101

99 如何面对突如其来的丧失亲人的痛苦? ······· 102

100 如何判断自己和家人必须找心理咨询师或者
治疗师? ························ 103

附 相关应急救护视频

1. 如何正确拨打急救 120 ································ 106

2. 洪水来临如何自救 ·································· 106

3. 溺水自救与互救注意事项 ························· 106

4. 海姆立克急救法 ·································· 106

5. 急救方法之心肺复苏 ······························ 106

6. 止血的正确方法 ·································· 106

7. 伤员的包扎与搬运 ·································· 107

8. 创可贴的正确用法 ·································· 107

9. 牢记 9 句话暴雨灾后不得病 ····················· 107

10. 灾区如何做好疾病防控 ·························· 107

11. 洪涝灾害后，要预防哪些疾病 ················· 107

12. 灾后安置点如何防病防疫 ····················· 107

13. 谨防受灾群众安置点结核病聚集性疫情 ········· 107

14. 受灾群众安置点针对肺结核患者如何安置 ······· 107

15. 洪涝灾后伤寒、副伤寒预防措施 ··············· 107

16. 洪灾过后，注意预防肠道寄生虫病 ············· 108

17. 洪灾过后，注意预防虫媒寄生虫病 ············· 108

18. 灾后应如何预防乙脑的发生 ·························· 108

19. 暴雨过后关于手足口病的那些事 ·················· 108

20. 洪涝灾害后如何做好新冠疫情防控 ·············· 108

21. 灾后出现虫咬性皮炎应采取哪些措施 ·········· 108

22. 洪水过后容易出现的皮肤病：真菌感染 ······ 108

23. 洪水过后容易出现的皮肤病：浸渍 ·············· 108

24. 洪水过后容易出现的皮肤病：湿疹 ·············· 108

25. 奋战救援一线，如何预防中暑 ·················· 109

26. 灾后孕妇在家中如何检测胎儿安危 ·············· 109

27. 暴雨过后孩子出现腹泻怎么办 ·················· 109

28. 两分钟了解破伤风若您受伤可别大意 ·········· 109

29. 如何正确处理疖和痈 ································ 109

30. 洪灾期间及时关注饮食卫生 ···················· 109

31. 洪涝灾害后，自来水还能不能饮用 ·············· 109

32. 洪水来临居家应储存哪些食物 ·················· 109

33. 洪水浸泡过的粮食还能吃吗 ···················· 109

34. 夏季洪水过后食物如何存储 ···················· 110

35. 断电后冰箱里面的食物，还能吃吗 ·············· 110

36. 蔬果变质了能否继续食用 ························ 110

37. 夏季野蘑菇较多但不可随意采食 ·············· 110

38. 被洪水浸泡过的私家车如何消毒 ·············· 110

39. 洪灾过后居家环境卫生怎么做 ·············· 110

40. 洪水过后，居家如何消毒 ·············· 110

41. 洪涝灾害居家清洁消毒怎么做 ·············· 110

42. 居家消毒——消毒液的配置 ·············· 110

43. 被洪水淹后餐厅如何消毒 ·············· 111

44. 洪涝灾害过后，家中的餐具需要消毒吗 ·············· 111

45. 洪水来临别紧张专家为您来指导 ·············· 111

46. 灾后学会心理健康维护 ·············· 111

47. 灾后孕妇出现心理问题如何应对 ·············· 111

48. 受灾之后的心理自救之一 ·············· 111

49. 受灾之后的心理自救之二 ·············· 111

50. 受灾之后的心理自救之三 ·············· 111

洪涝的危害
及如何自救
与求救

1 洪涝灾害是怎么回事？

　　洪水是由暴雨、融雪、融冰和水库溃坝等引起河川、湖泊及海洋的水流增大或水位急剧上涨的现象。洪水超过一定的限度，给人类的正常生活、生产活动带来损失与祸患，简称洪涝灾害（洪灾）。

　　按成因和地理位置的不同，常分为暴雨洪水、融雪洪水、冰凌洪水、山岳洪水以及溃坝洪水等。海啸、风暴潮等也可以引起洪涝灾害。洪水一般出现在多雨的夏秋季节。雨水降落到地面以后，有的渗透到地底下去，有的蒸发到空中，还有一部分顺着地面流入江河。进入江河水量的多少取决于雨量大小。雨下得越大，时间越集中，流入江河的水也就越多。如果在短时间内有大量的水流入江河，水量超过江河的最大输送能力，就会发生洪水，造成水灾。另外，洪水的形成也受当地的气候、下垫面等自然因素及人类活动等的影响。

2 洪涝有哪些危害？

洪涝危害主要有以下表现：

（1）导致生态环境的改变。洪水泛滥，淹没农田、房舍和洼地，迫使灾区人民大规模地迁移。各种生物也因洪水淹没引起群落结构的改变和栖息地的变迁，从而打破原有的生态平衡。比如，野鼠有的被淹死，有的向高地、村庄迁移，野鼠和家鼠的比例结构发生变化。洪水淹没村庄的厕所、粪池，大量植物和动物尸体腐败，引起蚊蝇孳生和各种害虫聚集。

（2）导致人员伤亡。洪涝中因洪水直接淹没引起人员伤亡或因洪水冲击建筑物倒坍导致人员伤亡，同时因水灾饥荒或疾病引起灾民饿死或病死，这些都是洪涝对人类的最直接危害。

（3）导致人员移动，引起疾病的暴发和流行。因为洪水淹没或行洪、蓄洪等需要大量人员移动。一方面是传染源转移到非疫区，另一方面是易感人群进入疫区，这种人群的移动潜存着疾病的流行因素，如引起流感、麻疹和疟疾等。

（4）导致个体免疫力降低、精神紧张和心理压抑，增加致病因素。受灾时食物匮乏，营养不良，免疫力降低，使机体对疾病的抵抗力下降，易引起传染病的发生。由于受灾人员的心情焦虑，情绪不安，精神紧张和心理压抑，影响机体的调节功能，易导致疾病的发生。

（5）导致水源污染。洪涝灾害使供水排水设施受到不同程度的毁坏，如厕所、垃圾堆、禽畜棚舍被淹，可造成井水和自来水水源污染，动物尸体及大量漂浮物等留在水面，受高温、日照的影响加速腐败污染水源。洪水携带的大量泥沙，使水体水质变差、混浊、有悬浮物等。一些城乡工业发达地区的工业废水、废渣、农药等未能及时搬运和处理，受淹后可导致局部水环境受到化学污染，或贮存有毒化学品的仓库被淹，有毒的化学物质外泄造成较大范围的化学污染。

8 城市常见的洪涝危害有哪些？

洪涝对城市危害巨大，主要有以下 3 点：

（1）人员伤亡。人员伤亡是城市洪涝的最大危害。

（2）造成城市固定资产损失。住宅、公共设施、商业建筑、交通工具及建筑内财产等都属于城市固定资产。随着城镇化的发展及新建城市地理位置一般低洼等，洪灾出现频率增高，会造成一定的固定资产损失。另外，现在越来越多的城市开发地下空间，如地铁、地下车库等，若发生洪灾，这些场所的损失会非常严重。

（3）损坏城市命脉系统。虽然与其他自然灾害相比，洪涝灾害对城市命脉系统的直接损失不大，但由于命脉系统的重要性，损坏所造成的间接危害却巨大。随着社会的进步，人们对命脉系统的依赖性越来越大，现在我们的生活几乎离不开这些系统。若这些系统受到损坏，造成的损失会很惨重，如美国纽约市就曾因为计算机进水导致内部数据丢失而损失上亿万元。除计算机系统外，更易受影响的是交通系统，洪灾会使交通瘫痪，人们不能正常出行，间接造成的损失不计其数。此外，水、电、气等系统若受到损坏，都会影响人们的正常生活，间接的经济损失有时会更大。

4 洪涝灾害的预防要点有哪些？

洪涝是自然灾害，提前做好预防措施，积极应对可以减少损失。

（1）我国大部分地区夏秋季节多雨，应随时关注天气预报和灾害预警信息。受季风气候的影响，我国夏秋季节降水集中，洪涝灾害多发，受灾范围广，突发性强，不仅会直接造成严重的生命和财产损失，也易引发霍乱、甲肝等传染病的暴发流行。夏秋季节应密切关注天气预报和洪涝灾害信息，结合自己所处的地理位置和地形条件，做好防灾准备，提前熟悉最佳转移路线。

（2）根据当地政府防汛预案，做好应对洪涝灾害准备。为了应对洪涝灾害，各地政府都会提前制定应急预案，个人应通过政府网站或大众传播媒介提前熟悉本地区防汛方案和措施，包括隐患灾害点、紧急转移路线图、抗洪救灾机构联络方式等。

（3）洪涝灾害易发地区的居民应提前储备家用洪涝救生器材，如木盆、木材、大块泡沫塑料等能漂浮在水面上的物品，必要时应提前购置救生衣、应急手电、帐篷等，以便在被困时自救或互救使用。

（4）应防备滑坡、泥石流、房屋垮塌等次生灾害。除了洪水，在多雨季节，山区易发生山体滑坡、泥石流和房屋垮塌等次生灾害，山区居民建房应尽量远离山坡和河道。连续降水时，如发现山体土壤松动、房屋裂痕、河水突然断流或加大等迹象，应及时转移到安全区域。

（5）保持通信畅通，方便转移、呼救使用。洪涝灾害中，如被洪水围困，应随时保持通信畅通，及时与救援人员进行联系，最大限度保证获救。为了避免手机进水损坏，可在转移时将手机装入防水塑料袋中。

（6）从家中转移时应注意关掉燃气阀、电源总开关等。家庭燃气管道、电力线路等在洪涝灾害中易受外力影响发生损坏，引起燃气爆炸、漏电等事故，在转移时应及时关闭相应的阀门和开关。

（7）转移时要听从指挥，险情未解除，不要擅自返回。我国各级政府和防汛机构大多都有完善的应急撤离预案，应按照防汛部门的要求转移。在转移过程中，一切行动听指挥，做到沉着冷静、迅速有序、互帮互助、稳妥安全。切忌中途返回、更改路线、惊慌忙乱。转移后，在没有接到防汛部门指示的情况下，不得擅自返回。

5 暴雨预警信号等级如何划分？

暴雨预警信号分四级，分别以蓝色、黄色、橙色、红色表示。

蓝色预警：12小时内降雨量将达50毫米以上，或者已达50毫米以上且降雨可能持续。

黄色预警：6小时内降雨量将达50毫米以上，或者已达50毫米以上且降雨可能持续。

橙色预警：3小时内降雨量将达50毫米以上，或者已达50毫米以上且降雨可能持续。

红色预警：3小时内降雨量将达100毫米以上，或者已达100毫米以上且降雨可能持续。

6 洪水暴发时，如何安全转移？

洪水到来时，应在确保安全的情况下，迅速向屋顶、山坡和大树等高处转移，转移过程中应沉着冷静，切忌惊慌失措。

在转移时应避开高压电线。发生洪水时，接近高压电线、电线杆等十分危险，发现高压线铁塔倾斜或者电线断头下垂时，要迅速远避，防止触电。

安全转移要本着"就近、就高、迅速、有序、安全、先人后物"的原则进行。遇洪水威胁时，为了最大限度保证生命财产安全，应迅速就近向高处转移，尽量减少转移时间。在转移过程中，应保持良好秩序，并确保安全。切记在确保生命安全的情况下，再设法抢救财物。

7 洪水到来时来不及转移应该怎样做？

如果突遇洪水来不及转移，应按照快速、就近的原则，及时抓住木头、木板等漂浮物，或尽快把身体固定在树木等固定物体上，以免被洪水冲走。如果离岸较远，周围又没有其他人或船舶，就不要盲目游动，以免体力消耗殆尽。

注意：千万不要游泳逃生，不可攀爬带电的电线杆、铁塔，也不要爬到泥坯房的屋顶。

8 如果被洪水包围应该怎样发出求救信号？

如果被洪水包围，应设法发出求救信号，及时寻求救援。如果被洪水包围无法脱身，应尽快拨打当地防汛部门电话、119、110或与亲朋好友联系求救。夜间用手电或大声呼喊求救，也会引起救援人员的注意。在求援时，应尽量准确报告被困人员情况、方位和险情。

在人群密集的地区可大声呼救，以引起救援人员的注意。

在人烟稀少或被困在狭小的空间时，可通过敲击弄出尽可能大的声响。白天可用镜子借助阳光发出反射光信号，夜晚可使用手电筒发出求救信号。

9 安全避险的四个关键词是什么？

防：家里备好急救包，放置手电筒、水、小收音机、干粮、急救药品、救援绳索等。外出时，最好穿雨衣。暴雨行车很危险！车内准备应急物品，包括安全锤、手电筒、线锯、车载手机充电器、具有一定浮力作用的抱枕等。保险起见，可将车载灭火器提前放置在触手可及处。

躲：尽量避免前往山区等地质灾害高风险地区。遇突发洪水时，应迅速远离汽车、桥底、地下通道等低洼地或容易被水冲走的场所。就近快速寻找高地、不会滑坡的山坡、楼房等坚固场地避灾。

跑：如果不幸遇洪水倒灌入室，应尽快跑到高处。一旦遭遇泥石流，要立即朝与泥石流成垂直方向的山坡上跑。跑动时，注意查看前方道路是否有塌方、沟壑等情况，并随时查看有无掉落的石头、树枝等。

喊：如遭遇险境，一定要紧急呼救。

方式一：打电话求助。一旦遇险，拨通手机，讲明险情所在位置、人员伤情、所需要的帮助等。

方式二：大声呼救。大声呼救适用于人群密集的地区。在人少或狭小的空间，可通过敲击弄出尽可能大的声响。

方式三：光信号。白天可用镜子借助阳光，向过往的路人、车辆等发出反射光信号。夜晚可用手电筒发送"三长三短"信号。

10 在暴雨天如何预防雷击？

雷雨天，云层低，天空带阳电或阴电的云层靠近地面，会和地面上的阴电或阳电形成高电压，击穿潮湿的空气形成电闪雷鸣。因为这种雷离地面很近，常称为落地雷。落地雷能劈开大树，打坏房屋，还能击死人或牲畜。预防雷电击伤，应注意以下几点：

（1）不要在大树、电线杆、高大建筑物附近避雨。因为这些物体离云层近，雷电容易通过它们袭击下来。如果人在这些物体下面避雨，很容易触电而亡。因此，如果在旷野里碰到雷雨，最好找房舍、干燥涵洞避一避。尽量降低身体的高度，低下头，因头部最易被雷击中。

（2）雷雨天外出应该带雨衣或雨伞，不要带铜铁等金属器在户外行走。因为金属和湿衣服最容易导电，所以，雷雨天最好不要在河边避雨。

（3）如果正在江、湖、河中游泳，必须立刻上岸。上岸后立即想办法擦干身上的水，并尽快找绝缘物包住身体，以免受到雷击。

11 中暑怎么预防？

洪涝灾害发生后，由于灾区居住环境遭到了严重破坏，受灾群众和抗洪救灾人员常直接暴露在阳光下，缺乏降温消暑设施，加之抗洪救灾任务重，工作量大，工作时间长，身心疲惫，体质下降，导致体温调节障碍，容易出现水、电解质代谢紊乱及神经系统功能损害等症状，极易发生中暑。

人在中暑的时候会有不同的临床表现，高温环境下，首先会出现"先兆中暑"，表现多为多汗、口渴、无力、头晕、眼花、耳鸣、恶心、心悸、注意力不集中、四肢发麻、动作不协调等。如果上述症状加重，患者的体温升高到38℃以上，面色潮红或苍白、大汗淋漓、皮肤湿冷、脉搏细弱、心悸、血压下降等则有可能是轻度中暑。再严重一点的就是重度中暑了，患者一般表现为在高温环境中突然昏迷，此前患者常伴有头痛、麻木、晕眩、不安或者精神错乱、肢体不能随意运动等，皮肤出汗停止、干燥、灼热而绯红，体温常在40℃以上。

头晕、头痛、耳鸣、恶心、无力、口渴等是中暑的早期症状。一旦发现后，要迅速脱离高温环境，到阴凉处，脱去外衣休息；饮用绿豆汤或淡盐水及清凉饮料，并给患者服用藿香正气水、仁丹等解暑药品；进行物理降温（冰水冷敷头部及腋下）；待症状稳定后，视情况指定专人将其送指定地方休息。

发现重症中暑患者立即将其移到阴凉通风处平卧，解开衣服，吹空调或电风扇；用冷水冲淋或在头、颈、腋下、大腿放置冰袋等迅速降温；如果中暑者能饮水，则让其喝冷淡盐水或其他清凉饮料以补充水分和盐分；症状稍好后可在陪护下到医院就诊；如果出现血压降低、虚脱、痉挛抽搐、呼吸急促、意识不清等严重状况，应立即将其送往医院救治。

预防措施：

一是要及时补充水分。高温天气时，需要给身体补充足够的水分，最简单的方法是多饮白开水或淡盐水。喝淡盐水时要遵循少量多次的原则，这样才能起到预防中暑的作用，除此之外也可饮果汁、酸牛奶、茶水等。不要饮用含酒精或大量糖分的饮料，这些饮料会导致失去更多的体液。同时，还应避免饮用过凉的冰冻饮料，以免造成胃部痉挛。

二是要减少烈日直接照射。抗洪救灾中要尽可能减少烈日对头部直接照射，可戴草帽、用树叶遮盖或盖湿毛巾，适时在阴凉通风处休息。高温天气需尽量减少外出，必须外出时要备好防晒用具，最好不要在10:00-16:00的烈日下行走。如果此时必须外出，一定要做好防护工作，如穿着浅色、宽松的衣服，戴宽边帽或打遮阳伞、戴太阳镜，最好涂抹防晒霜，带上充足的水。此外，在炎热的夏季，防暑降温药品（如清凉油、仁丹、风油精、藿香正气水等）一定要备在身边，以防应急之用。

三是空调温度别调得太低。使用空调时一定要注意适时开窗通风。合理设置空调温度，室内空调温度先设在26℃运行一段时间后，再调至27℃为最佳，千万不要把空调温度调得太低，空调温度应控制在与室外温差5℃至10℃之间，否则室内外温差太大，反而容易中暑、感冒。

四是运动要适当。高温天气要减少运动量，运动时最好选择在清晨或傍晚天气较凉爽时进行，场地宜选择在河边、湖边和公园等空气新鲜的地方，时间以30分钟为宜。当运动锻炼出汗过多时，可适当饮用淡盐水或绿豆汤。当气温达到35℃

以上，要停止运动，并保持充足的饮水。

四是要合理饮食。饮食以清淡为好，多食富含蛋白质和维生素 B、维生素 C 的食物。多吃凉性蔬菜、各种瓜类等，少食高油高脂食物。

五是要保证睡眠充足。夏天昼长夜短，气温高，人体新陈代谢旺盛，消耗也大，更容易感到疲劳。充足的睡眠可使大脑和身体得到充分的休息，既利于工作和学习，也可预防中暑。

12 在水中如何防止触电？

发生洪水时，如果你在户外，一定要绕过积水严重的路段。如果必须蹚水，一定要观察附近有没有电线断线落地、电杆倾斜或倒地、树木歪倒压住电力线路等危险情况，还要观察附近有没有变压器或其他带电设备浸泡在水里。一旦发现有电力设备掉落在地或浸泡水中，应及时远离，8 米之外才是安全距离。另外，应警惕跌入窨井、地坑等。

如果你在室内，暴雨期间尽量不要外出。待在室内一定要保持警惕，谨防室外洪水浸入室内。为防止电气设备进水漏电，应及时断开电源总开关。

13 触电后应怎样紧急救治?

电流通过人体(包括雷击)时,可造成皮肤、肌肉、骨骼损伤。严重时,可引起呼吸中枢麻痹、血压下降、体温下降、心室颤动,乃至昏迷死亡。

抢救措施:

(1)尽快脱离电源,切断电源开关。如电源开关不在近处,则可用绝缘物(干燥竹竿、木棍)挑开电线或推开电器。抢救者必须保护自己不触电,绝不能直接去拉扯触电者。

(2)将触电者移至通风处,使其平卧,松解其衣带,使其保持呼吸通畅。

(3)对呼吸停止者进行人工呼吸。有条件者可实施气管插管,使用氧气袋或氧气发生器,或进行加压氧气人工呼吸。若心脏停搏,应立即做心外复苏按压。

(4)对昏迷、休克的触电者可行针刺,重刺人中、中冲等穴。

(5)对局部伤进行妥善消毒,包扎处理。

（6）在抢救的同时，应立即以最快速度通知医院来急救车或将伤者迅速送往医院。抢救应持续到触电者呼吸、心跳恢复或出现明显的死亡征象（尸僵等）为止。

14 当发现有人溺水时应如何做？

当发现有人溺水时，应在保证自身安全的情况下设法营救。

施救前应沉着冷静，全面评估自身能力和水况，在确保自身安全的情况下施救，切忌盲目下水。在条件允许的情况下，可抛掷救生圈、绳索、长杆、木板、塑料泡沫或轮胎等给溺水者，帮助溺水者攀扶上岸。入水施救时，需注意应从溺水者后面进行，因为溺水者情急之下会拼命抓紧或抱紧施救者，影响营救动作，甚至会造成双双殒命的严重后果。一般来说，结伴施救会增加安全性和提高成功率。

救出的溺水者如果发生心脏骤停，要尽快实施心外复苏按压并及时拨打120。

15 暴雨期间行人外出应怎样做?

暴雨期间尽量不要外出。如正在途中，则应尽快转移，转移时应避开路上的"漩涡"和"喷泉"，绕开电杆和路灯，过马路要当心，避免雨伞和雨衣遮挡视线。水深的地方先用工具探路，最好结伴同行。

16 洪涝灾害期间驾驶员应怎样做?

在驾驶过程中如遇大雨，应及时使用雨刷和防雾灯，开双闪，尽早把车停靠在安全地带，等雨小后再上路并谨慎驾驶。在道路湿滑、泥泞的山路上行驶，极易引起车辆侧翻或倾覆。积水路段可能存在路面窨井盖移位等问题，涉水行驶有可能会造成严重后果。多雨季节桥下涵洞容易积水，最好绕路行驶，不可强行通过。如果车辆在积水路段或地势低洼处熄火抛锚，应尽快离车，寻求救援。

17 洪涝灾害期间小区居民应如何做？

居住小区发生内涝时，可在家门口放置挡水板、堆置沙袋等阻挡水流。房内一旦进水，应立即切断电源、关闭燃气阀门等。危旧房屋或低洼地势居住人员应及时转移到安全地带。

18 遇到山体滑坡如何自救？

遭遇山体滑坡时，首先要沉着冷静，快速朝垂直于滚石前进的方向奔跑，切记不要顺着滑坡方向跑。在确保安全的情况下，目的地离住所越近越好，交通、水、电等越方便越好。当无法逃离时，应迅速抱住身边的树木等固定物体躲避，可利用身边的衣物裹住头部，保护好头部。

及时拨打救援电话，将灾害发生的情况报告相关政府部门或单位，同时要听从统一安排。及时报告对减轻灾害损失非常重要。

二

解决饮水、
饮食安全

19　灾后家中的自来水，如何判定是否还能饮用？

正在供应的自来水是安全的。运转正常的自来水厂，会时刻根据源水水质变化情况，及时调整混凝剂和消毒剂的使用量，以保证出水水质符合《生活饮用水卫生标准》（GB 5749—2006）的要求。所以，正在供应的自来水是安全的，但也要随时观察水质，如出现发黄、有杂质、有异味等情况，应立即停止使用。

20　发现家里自来水颜色变黄，怎么办？

家里自来水颜色变黄，不能直接饮用，可尝试放水几分钟，再观察颜色是否发黄。如果还是黄色，请立即报告小区物业。

21 家中断水怎么办？

（1）符合卫生标准的瓶装水、桶装水等应作为首选，直接或煮沸后饮用。

（2）从家中取干净的容器到就近的临时取水点取水，煮沸后饮用。

（3）灾情发生前，可适当存些水，包括瓶装水，但不可长期存。

22 洪涝灾害期间为什么需要重视饮用水卫生问题？

洪涝灾害时，饮用水水源遭受不同程度的污染，尤其在农村因暴雨冲刷农田，洪水暴涨淹没厕所、禽畜窝圈，致使人畜粪便、垃圾、动物尸体及多种杂物被携带入水体，严重影响水体水质。高温天气时，水体更易腐败。有毒有害的物质，如农药、化肥、工业毒物等冲入水中也会造成水体污染。为此，在受灾地区应采取相应的应急措施，保障饮用水的安全。

23 洪涝灾害后如何加强饮用水安全？

饮用水的卫生问题主要表现在致病微生物污染、水质感官性状恶化和有毒化学物质污染 3 个方面。为此，必须做好饮用水消毒，其中将水煮沸是十分有效的方法。另外，最主要的饮用水消毒方法是采用消毒剂。

在灾区应提倡不喝生水，尽量喝煮沸的水、瓶装水或经救灾指挥部认可的饮用水。不喝不用来源不明或被污染的水。饮用水时不共用水杯。自取水必须经消毒处理，同时要进行水源防护。

如果感觉身体不适，要及时找医生诊治。特别是发热、腹泻患者，要尽快寻求医生帮助。

24 洪涝期间，断水时可以接雨水应急使用吗？

洪涝期间，在断水时可以使用干净的容器接雨水应急使用，但不建议直接饮用。因为在雨水的形成与降落过程中，空气中的浮尘和病原微生物等，会随雨水落入盛水容器中，这样的雨水即使看起来澄清，直接饮用会对人体造成一定伤害。

收集的雨水可以直接用来冲便池、拖地，澄清的雨水可以用来洗衣服等非食用物品。如果有条件进行消毒，经消毒后的雨水，可以用来洗脸、洗澡、洗食品、洗餐具，也可煮沸后饮用。

25 洪涝期间井水可以喝吗？

日常井水可作为饮用水水源。但是被洪水淹没的水井不能急于使用，需进行淘洗、消毒，经检验水质合格后方可使用。农村灾区，深层地下水是最清洁的，是首选水源。浅层地下水由于土层的过滤作用，水质也是较好的，但要做好卫生防护工作。水井应配置有井台、井栏、井盖，井的周围30米内禁止设置厕所、猪圈以及其他可能污染地下水的设施，并准备专用的取水桶，以防止人为污染。井水一定要煮沸后饮用。

26 在农村地区，洪涝期间家里的缸水应如何消毒？

在洪涝期间，村民应注意定期进行缸水消毒。

具体操作方法：每担水（约50千克）加漂白精片2片（每片含有效氯500～550毫克/片）。先将漂白精片研碎，然后加少量水溶解，倒入缸内搅拌，30分钟即可达到消毒效果。

27 如果没有瓶（桶）装水，还有哪些应急供水方式？

在分散式和集中式供水水源的水质遭受污染无法提供生活饮用水时，还有下面几种应急供水方式：水车送水、井水取水或通过家庭自制简易水处理设施取水。要特别注意贮水、送水容器的消毒清洁。

28 没有办法立即获得卫生饮用水，怎么自制简易水处理设施？

可以用缸或大桶作为沙滤容器，在下部打孔引水，在底部铺数层岩石、细沙，沙层厚度为300毫米左右，沙层上再铺2～3层棕垫、纱布等。经过滤的水能得到部分净化，仍需进行加氯消毒，或煮沸后饮用。

29 临时应急水源该怎么选？

对于临时应急的供水水源，推荐选择的顺序为：优先选择泉水、深井水、浅井水，其次才考虑河水、湖水、塘水等。

30　洪涝灾害过后，居家如何严防病从口入？

　　洪涝灾害后，饮食卫生谨遵"八不"原则：

　　（1）不吃未煮熟的食品。特别是接触过雨水的肉类、菜类，一定要煮熟煮透。

　　（2）不喝生水，尤其不能喝已经污染的水和未经消毒的水。尽量饮用瓶装水和经过煮沸的水。

　　（3）不吃毒死、病死、淹死以及死因不明的家禽、家畜和水产品。淹死或死因不明的禽畜、水产品可能受到毒物或者病菌的污染，必须经消毒后填埋，禁止上市销售和食用。

　　（4）不吃未洗净或未消毒的蔬果。蔬菜和水果必须洗净或经消毒后才能食用。

　　（5）不吃馊的、剩余的或者过夜的饭菜。如洪涝灾害后水源卫生无法保障，病菌容易传播，尽量避免食用凉拌菜和剩饭剩菜。

　　（6）不吃洪水浸泡过的所有食物。

　　（7）不搞大型聚餐活动。洪涝灾害之后卫生条件差，食物容易污染，人员聚集容易造成病菌的污染和传播。

　　（8）饭前便后要洗手，加工食物前要洗手。

31 淹死或死因不明的家禽家畜能吃吗？

洪涝灾害一般发生在高温高湿的夏秋季节，食物容易腐败变质。食用腐败变质或不洁食物易引起痢疾、伤寒、甲肝、霍乱等肠道传染病和食物中毒。动物肉类腐败变质后产生的肉毒素等严重威胁人们的生命安全，切忌食用。来历不明的禽畜可能死于传染病，不可加工食用，最好深埋处理。

32 洪涝灾害后家中的餐具、碗筷是否需要特殊消毒？

如果家中的餐具、碗筷被洪水浸泡了，应彻底洗刷干净、消毒后再使用。盛装食品的餐盘、碗筷用后要彻底清洗和消毒并保洁存放。耐高温的餐具，也可采用清洗后煮沸的方式消毒。

33 断电后冰箱里面的食物还能吃吗？

如果停电在 4 小时以内，冰箱内的食物可以食用。不过前提是，停电期间冰箱门一定要关严。如果超过 4 小时，冷冻层处于很满的状态，食物可安全保鲜 48 小时，半满状态只能保鲜 24 小时。因此，建议停电后及时将牛奶和乳制品、肉类、鱼类、蛋类等易变质的食物，放入带冰块的容器内冷却保存。

34 食物如何合理贮存？

按需加工食物，尽量不要食用剩饭剩菜。如不可避免剩饭剩菜，应及时分类冷藏保存，再次食用时确保没有变质，彻底加热后方可食用。

35 缺少食物时，可以采食野蘑菇、野菜及野果应急吗？

洪涝灾害过后气温升高、空气湿度增大，极利于野蘑菇、野菜、野果的生长。但是安全起见，不采摘、不买卖、不进食野蘑菇、野菜、野果，以防有生命危险。儿童户外玩耍时，可能会接触到毒蘑菇，家长应做好监护，加以防范。

36 洪涝期间，居家饮食方面需要注意什么？

（1）饭前便后要洗手，加工食品前要洗手。

（2）制作食品前要用清洁的水清洗干净原料，不使用污水清洗瓜果、蔬菜。

（3）制作食品要烧熟煮透。

（4）生熟食品要分开制作和放置，不共用案板、刀具和盛放容器。

（5）饭菜应现吃现做，做后尽快食用。剩余饭菜要及时冷藏，食前确保没有变质，彻底加热后再食用。

（6）不吃来源不明、腐败变质的食品，不吃包装破损或超出保质期的食品。

（7）存放吃剩的或没有包装的食物，要注意防潮、防鼠、防蝇、防蟑螂。

（8）食用包装食品时，应尽量避免用手直接接触食品。

（9）扁豆等豆类食材需炒熟煮透后食用，发芽的土豆不可食用，以免引起食物中毒。

37 农村地区，洪涝灾害中受灾的农作物，如生长期的粮食作物、蔬菜、瓜果等，洪水退去后还能食用吗？

洪水中可能携带泥沙、生活污水、动物粪便和尸体、垃圾、农药等，存在各种致病微生物，如致病菌、病毒、寄生虫等。农村地区各种农药、化肥更是常见。无论是致病微生物还是化学性有毒有害物质，都会对人体健康造成严重威胁。所以所有被洪水浸泡过的食物应一律舍弃。

38 临时安置区给灾民集体供餐，需要注意哪些卫生要点？

（1）集体供餐最好在室内或者搭建的简易厨房内制作食品，做饭场所一定要远离垃圾、厕所，并处于这些污染源的上风向。

（2）制作食品的原料应新鲜、符合食品卫生要求，不使用来源不明、腐败变质的原料。

（3）加工场所禁止存放有毒、有害及非食用原料。

（4）炊事员应当由健康人员担任，手上无破损、化脓性伤口等情况。

（5）制作食品前将原料用清洁的水清洗干净。

（6）生熟食品要分开制作和放置，不共用案板、刀具和盛放容器。

（7）食品要烧熟煮透。

（8）制作食品的场所要及时清扫，保持清洁，餐饮器具要清洗和消毒，保洁存放。

（9）做好的饭菜应尽快食用，在室温下不要长时间存放。

（10）烹制后的食品如需运输，应使用密闭清洁的容器。

（11）饭菜所需油料、原料、调味品等要有正规渠道，做好进出货登记。

39 洪涝灾害后，家居环境怎么清洁消毒？

（1）进入住宅后，首先应检查建筑物墙壁有无裂缝、歪斜、局部下沉和立柱有无腐烂等现象，如出现问题应对建筑物进行临时加固，在确保安全的基础上，再清洁室内环境。

（2）丢弃被洪水浸泡过的食品和不能清洁消毒的物品，如污水浸泡的床垫、地毯、毛绒玩具等。

（3）冲洗墙壁、地面上的腐烂物质、污泥等。如发现有鼠洞，可用碎砖、碎石和水泥大沙将洞堵死。

（4）地板、墙面、台面等硬质表面可采用有效氯500毫克/升含氯消毒剂（常用的含氯消毒剂有84消毒液、漂白粉、漂白精、含氯消毒片等），或200毫克/升二氧化氯，或1000毫克/升过氧乙酸进行喷洒、擦拭消毒，作用30分钟。以喷湿为度。消毒后用清洁水冲洗干净。

（5）居室空气一般不需要消毒。将门窗全部打开通风。为防止霉菌生长，宜快速(24～48小时以内)干燥房间，可用风扇、空调、除湿机清除房间水分。向室外吹风，勿向室内吹风。对住宅周围应及时清除积水、垃圾污物等，防止蚊蝇孳生。

40 生活用品（家具、卫生洁具等）怎么消毒？

用有效氯 500 毫克 / 升的含氯消毒剂冲洗、擦拭或浸泡，作用 30 分钟，或采用 200 毫克 / 升二氧化氯、1000 毫克 / 升过氧乙酸、1000 毫克 / 升季铵盐类消毒剂做消毒处理，消毒时间 15 ~ 30 分钟。消毒后以清洁水冲洗干净。

41 餐厨具怎么消毒？

餐厨具的消毒方法很多，简便实用的是煮沸消毒和氯化消毒法。可用开水煮 15 分钟或用消毒碗柜消毒，或用含有效氯 250 毫克 / 升的消毒液浸泡 30 分钟后再用清水清洗。

42　瓜果蔬菜怎么消毒？

可用含氯消毒剂 100 ~ 200 毫克 / 升或二氧化氯 50 ~ 100 毫克 / 升，或过氧乙酸 500 ~ 1000 毫克 / 升，作用 20 ~ 30 分钟。消毒后均应再用清水冲洗干净。

43　手、皮肤怎么消毒？

参与环境清污消毒、接触污染物或浸泡污水等后，均应进行手消毒。在手部有明显污物的情况下，要先用流水和洗手液或香皂清洗，擦干后再进行消毒。可选用手消毒剂揉搓双手，也可用碘伏或其他皮肤消毒剂涂抹消毒。

44 饮用水怎么消毒？

（1）煮沸消毒法，是最简便有效的消毒方法。一般细菌在水温80℃左右就不能生存，将水煮沸几分钟后，几乎可以将水中所含的细菌、病毒杀死。

（2）氯化消毒法，是在水中加入含氯消毒剂，通过消毒剂中有效氯的作用杀灭水中的细菌。若取回的水较清澈，可直接消毒处理后使用。若很混浊，可经自然澄清或用明矾混凝沉淀后再进行消毒。常用的消毒剂为漂白精或泡腾片，按有效氯4～8毫克/升投药。先将漂白精或泡腾片压碎放入碗中，加水搅拌至溶解，然后取上清液倒入缸（桶）中，不断搅动使之与水混合均匀，加盖静置，直至达到消毒时间，切记要按说明书要求来。漂白粉遇高温、亮光、潮湿会失效，应放在避光、干燥、凉爽处（如用棕色瓶盛装应拧紧瓶盖存放）。

三

灾后预防传染病

45 什么是传染病？

传染病是指由病原微生物（如病毒、细菌、衣原体、支原体、真菌等）和寄生虫感染人体后产生的具有传染性，在一定条件下可以造成暴发流行的疾病。

46 洪涝灾害后，居家如何防止传染病发生？

喝清洁的饮用水，生水应煮沸后饮用。饭前便后要洗手，加工食品前要洗手。制作食品前将原料用清洁的水清洗干净，不使用污水清洗瓜果、蔬菜。不吃腐败变质或被洪水浸泡过的食物、淹死或病死的禽兽、来源不明的食物，制作食品要烧熟煮透。生熟食品要分开制作和放置，不共用案板、刀具和盛放容器。碗筷应煮沸或用消毒柜消毒后使用。

47 怎么预防自然疫源性疾病？

（1）尽量减少接触污水。不要在污水中洗衣、游泳等，避免光脚踩水。

（2）尽量穿长衣、长裤和浅色衣物，减少露宿。不要直接坐在林间地头、草丛中休息。需在野外工作生活的，应使用驱虫剂和蚊帐等防护用品。

（3）杀灭蚊蝇，防鼠灭鼠。

（4）做好家畜管理，避免家畜粪便污染水源、食物。

（5）必要时配合接种疫苗，减少感染风险。

（6）安置点易出现人畜混居现象，更要做好个人防护，必要时集中管理。

48 洪涝灾害后常发生哪些传染病？

灾区常见的肠道传染病有细菌性痢疾、霍乱、伤寒和副伤寒，其他如沙门菌、副溶血性弧菌、空肠弯曲菌、致病性大肠杆菌、耶尔森菌等细菌引起的细菌性感染性腹泻病，病毒性腹泻病（轮状病毒、杯状病毒、肠道腺病毒和星状病毒感染性腹泻病），以及寄生虫腹泻病（隐孢子虫等引起），甲型肝炎、戊型肝炎、手足口病等也有可能暴发流行。另外，洪涝灾害后，灾区也可能发生流行性出血热、钩端螺旋体病、流行性乙型脑炎、血吸虫病、鼠疫、炭疽、布鲁氏菌病等自然疫源性疾病。同时，由于灾区群众受到环境、心理等方面的影响，导致免疫力降低，容易引起流感等呼吸道传染病的发生。

49 细菌性痢疾怎么预防？

细菌性痢疾是由痢疾杆菌引起的常见肠道传染病，简称菌痢。

菌痢是以粪口传播。急、慢性菌痢病人和带菌者是主要的传染源，病菌随病人粪便排出后，通过手、苍蝇、食物和水，经口感染。由于少量细菌即可致病，故很容易造成感染，5岁以下儿童是感染的高危人群。

菌痢主要表现以发热、畏寒、腹泻、腹痛、里急后重（总有拉不完的感觉）和黏液脓血便为特征，重症者可有全身中毒症状。菌痢分为急性和慢性类型，其中急性包括轻型、普通型和重型等，急性中毒型菌痢以 2~7 岁儿童多见，起病骤急，病势凶险，全身中毒症状严重，可有嗜睡、昏迷及抽搐等症状，严重时发生循环衰竭或呼吸衰竭等。

发现有菌痢症状的患者，要迅速就近到医院诊治，积极配合医生治疗。有条件者应隔离，以减少传播。

日常应做到：

（1）学习并了解菌痢的发病原因，增强自我防护意识。

（2）养成良好的卫生习惯，自觉做到不喝生水，不吃生冷变质食物，不吃不洁瓜果饭菜，剩饭剩菜食前彻底加热，饭前便后要认真洗手，消毒餐具。

（3）减少与患者接触，严防病从口入。

（4）积极灭蝇灭蟑螂。

50 伤寒怎么预防？

伤寒是由伤寒杆菌经消化道感染引起的急性传染病。传染源是伤寒患者和带菌者。伤寒杆菌被排出传染源体外后，直接或间接污染食物、水、餐具及其他日常生活用品，然后经口进入人体内引起感染。苍蝇是重要的传播媒介。

伤寒初期起病缓慢，最早出现的症状是发热，3~7 日后体温逐渐上升到 39℃以上时，可持续 10~14 日。伤寒杆菌产生的内毒素可使患者听力减退，反应迟钝，表情淡漠，并出现昏睡、神志不清、说胡话的情况。伤寒患者的脉搏和其他疾病的发热患者比起来要相对慢些。发热后第六日左右，前胸、上腹可出现少量淡红色的小斑丘疹，称为玫瑰疹，但不容易觉察。食欲极度减退，不思饮食，舌苔厚腻，舌尖及舌边缘很红。常便秘，但也有腹泻的。重症患者可发生肠穿孔、肠出血等并发症。持续高热期间，患者突然出现剧烈腹痛，仰卧，不敢动，用手触腹部比平时硬，怕触动腹部，这是肠穿孔引起的急性腹膜炎的症状。肠出血的表现是大便呈暗红色。若出现这些情况表示病情严重，要立即送医院救治。

伤寒患者需住院隔离治疗。伤寒患者的护理及饮食十分重要，患者居住的房间要安静且通风良好。患者有病灶的肠壁很薄，怕多渣的食物，怕胀气，所以饮食要清淡。患者进食很少，在发热期间要吃流食，可食米汤、菜汤、鸡蛋汤、新鲜水果汁等。退热后仍要吃软食、少渣食物，逐渐增加食量和改成普通饮食。

预防措施：

（1）学习并了解伤寒的发病原因，增强自我防护意识。

（2）自觉做到讲究卫生，不吃生冷不洁的食物、冷饮，不喝生水。

（3）不与患者接触，饭前便后认真洗手，严防病从口入。

（4）条件允许时，接种伤寒菌苗。

51 霍乱怎么预防？

霍乱是一种急性腹泻性肠道传染病，病原体为霍乱弧菌。病菌会随患者的粪便排出体外，污染水源和食物，人喝了污染的水，吃了污染的食物，1～2日（快的几小时）后便会得病。苍蝇、蟑螂等也会传播霍乱弧菌。

患者发病时往往突然腹泻，排出大量米汤样或清水样的大便是霍乱的特征，每天大便多至十几次，一般没有明显的腹痛。呕吐发生在腹泻之后，也有不发生呕吐的。因为从大便中失去许多水分和电解质，患者很快会脱水、虚脱，小腿抽筋。发现后应马上将患者送医院治疗。如果治疗及时，患者可以很快恢复。

预防措施：

霍乱在我国属于甲类传染病，有严格、规范的预防措施。要学习卫生防疫知识，提高防病意识，养成良好的卫生习惯，严防病从口入。

发生疫情后，应做到以下几点：

（1）对霍乱患者或疑似患者，就地隔离治疗。尽早采样送检确诊。尤其是首例患者，应以检出霍乱弧菌为依据。

（2）认真做好病家及病区的消毒工作。对污染的物品或环境，要用10%～50%的漂白粉液或3%～5%的甲酚皂溶液浸泡或喷洒消毒，还要注意灭苍蝇和蟑螂。

（3）严格管理和观察密切接触者。限制密切接触者活动范围，了解他们的健康情况，采便检查。对病家的邻居也要进行观察、检查和消毒。

（4）做好饮用水消毒工作，做到不喝生水，不吃生、冷、变质食物，不到疫区赶集，不到患者家中串门，不举办聚餐和酒宴，以减少传播。市场售卖的熟肉和隔餐食品要彻底加热后食用。饭前便后要彻底洗手。

52　甲型病毒性肝炎怎么预防？

甲型病毒性肝炎简称甲肝，是由甲型肝炎病毒引起的消化道急性传染病。患者和无症状的感染者是本病的主要传染源，经粪口传播。甲肝病毒由患者粪便排出，直接或间接污染手、水、食物和餐具，健康人吃进被病毒污染的食物和水后便可感染。日常生活接触是其主要的传播途径。通常为散发，但在水源和蛤蜊、牡蛎等生食的水产品受到严重污染时可造成暴发流行。任何人都能被传染，儿童易感，孕妇与体弱者感染后病情重。已患过或感染过甲肝的人可获得免疫力。

不同类型甲肝的主要症状不同：①急性无黄疸型肝炎。近期内出现连续几日以上无其他原因可解释的乏力、食欲减退、恶心、厌油、腹胀、肝区疼痛等。儿童常有恶心、呕吐、腹痛、腹泻、精神不振、不想动等，部分患者发病时常有发热，但体温不高。②急性黄疸型肝炎。除具有急性无黄疸型肝炎症状外，同时还伴有小便赤黄、巩膜黄染（即白眼球变黄），部分患者可有大便变灰白、全身皮肤变黄等黄疸症状。③急性重症型肝炎。急性重症型肝炎患者出现高热、严重的消化道症状，如食欲缺乏、频繁呕吐、重度腹胀或有呃逆、打嗝、重度乏力，以及巩膜黄染。

轻型甲肝患者病死率低，预后良好。急性期应合理休息，给以适当的营养，如米面制品和水果、蔬菜，补充多种维生素。除重症患者外，还可给予豆制品、鸡蛋、肉类等高蛋白质食物。忌喝酒，少吃油腻食物，少吃糖。避免一切损害肝的因素，如服用对肝有损害的药物或劳累等。重症患者必须在医院治疗，一般患者有条件时应住院隔离治疗。

预防措施：

（1）注意饮食卫生。

（2）注意患者的隔离消毒。患者用过的食具要煮沸20分钟后再洗涤。生活用品用1%漂白粉水擦洗。被单、衣物等如不能用开水煮的，要在日光下多次曝晒。

（3）管理好患者的粪便和排泄物、垃圾等污染物。

（4）注意苍蝇。

（5）在接触患者后，应注意手和物品的消毒，避免交叉感染，防止把疾病传染给自己或其他人。

（6）注射含有大量甲肝抗体的胎盘球蛋白或丙种球蛋白，有较好的预防作用。

（7）注射甲肝灭活疫苗有较好的预防效果。

53　手足口病怎么预防？

手足口病是由肠道病毒引起的传染病，主要病原体有肠道病毒 71 型和柯萨奇病毒 A16 型。每年 4 ～ 6 月是手足口病的高发季节，部分地区还会出现秋冬季小高峰。发病人群以 5 岁及以下儿童为主，同一儿童可因感染不同血清型的肠道病毒而多次发病。

手足口病主要通过接触患者口鼻分泌物、疱疹液、粪便，以及接触被污染的玩具、奶瓶、餐具等物品进行传播。

大多数手足口病患者症状轻微，预后良好，一般在 1 周内痊愈。患者以发热和手、足、口腔等部位出现皮疹或疱疹为主要症状，少数患者可出现无菌性脑膜炎、脑炎、急性弛缓性麻痹、神经源性肺水肿和心肌炎等。个别重症患者病情进展快，可导致死亡。

目前尚无特异的抗病毒药。患者需补充足够的水分，并保证充分休息，注意隔离、清淡饮食，做好口腔和皮肤护理，积极控制高热，保持患儿安静。家长和医生还应密切关注患儿病情。如出现以下情况应尽快就医，加强救治：持续高热不退、精神差、呕吐、易惊、肢体抖动、无力、呼吸和心率增快、出冷汗等。

预防措施：

接种安全、有针对性的疫苗是预防手足口病最有效的手段。EV-A71型疫苗是中国领先研发的创新型疫苗。该疫苗目前只针对预防肠道病毒71型感染所致的手足口病。

良好的个人和环境卫生也是非常重要的预防手足口病的措施，具体如下：

（1）进食前、如厕后，处理呕吐物或更换尿布后应洗手。

（2）打喷嚏或咳嗽时，应用纸巾掩盖口鼻（如无纸巾，可用肘关节），并将纸巾丢至垃圾桶。

（3）勿共用个人物品，如毛巾、汤匙等。

（4）清洗患者口鼻分泌物污染过的玩具、经常触碰的物品、家具和厕所等并进行消毒。曝晒、煮沸，用含氯消毒剂或漂白粉进行消毒。

（5）避免密切接触手足口病患者。

54 肾综合征出血热怎么预防？

肾综合征出血热又称流行性出血热（简称出血热），是由汉坦病毒引起的以发热、出血和肾脏损害为主要症状的急性传染病，是一种以鼠为主要传染源，可通过多种途径传播的自然疫源性疾病。主要传播途径包括：①携带病毒的鼠类分泌物、排泄物等被搅起飘浮到空气中形成气溶胶，经呼吸道吸入或经黏膜接触而感染。②被鼠类咬伤或破损伤口直接接触带病毒的鼠类血液、新鲜排泄物而感染。③进食带病毒鼠类粪便污染的食物，经口腔或胃黏膜而感染。

肾综合征出血热发病急，临床过程比较凶险，发病率和病死率较高，对群众健康危害很大。人群对汉坦病毒普遍易感，感染后可以获得终身免疫。洪涝灾害时，人群聚集在堤坝、高地，鼠类也向高处聚集逃避水患，造成人员密度和鼠密度的增大，人鼠接触机会增加，可能引起肾综合征出血热的暴发。

肾综合征出血热主要症状是：起病急，发冷，高热，体温常达 39～40℃，最高可达 42℃，持续 3～7 日。患者常极度疲乏，全身疼痛，可伴有头痛、腰痛、眼眶痛，称为"三痛"。严重者可出现大片瘀斑甚至鼻出血、咯血、呕血，也可出现黑色柏油样大便等。

预防措施：

（1）肾综合征出血热急性期患者传染性较强，应隔离至急性症状消失为止，其他人一定要尽量避免接触患者。

（2）必须接触患者的人应戴口罩，口罩应及时更换，如皮肤、黏膜被患者的血、尿或口腔分泌物污染，应立刻用酒精

（乙醇）擦拭消毒，被患者血、排泄物污染的环境和物品也应及时消毒。

（3）防鼠和灭鼠。

（4）灭螨防螨。

（5）加强个人防护。在疫区作业时，应穿戴防护衣裤，防止皮肤破损，不要在草堆上坐卧休息。

（6）野外住宿时，应选择地势高和干燥的地方，搭"介"字形工棚，周围挖防鼠沟，不要睡地铺。

55 钩端螺旋体病怎么预防？

钩端螺旋体病是由致病性钩端螺旋体引起的人畜共患病，简称钩体病。多发生于夏秋汛期的抗洪救灾和在田间作业的人员。主要传染源是老鼠和猪、狗、牛，带有这种病菌的鼠和猪排出的尿液中含有大量钩端螺旋体。洪涝期间，人接触了被这种尿液污染的水就会被传染。

由于大雨，地面土壤被稀释接近中性，为钩端螺旋体的生存繁殖提供了有利条件，致使家畜的带菌量大大增加，排菌时间也随之延长，加之洪水泛滥时，很多地区的鼠洞及牲畜饲养场被洪水淹没，大量的病原体伴随洪水四处播散，同时又有大批鼠类和牲畜迁移至未被淹没的地区，大大增加了传播的范围。人们在抗洪救灾或抢割水稻的过程中难免会接触疫水，钩端螺旋体就在此时易穿过人的皮肤、黏膜（特别是破损的皮肤和黏膜）侵入人体内，一般经过 1 ~ 2 周的潜伏期，便会发病。

钩体病主要症状有发热、全身无力、小腿肌肉酸痛、浅表淋巴结肿大、眼睛发红等，严重者可造成肝、脑、肺、肾等重要器官损伤，并危及生命。

预防措施：

（1）尽量减少或避免与疫水接触，不在可疑水体中游泳、洗衣物等。

（2）管好猪、狗等动物。猪要圈养，不让其尿液直接流入水中，猪粪等要发酵后再施用。

（3）防鼠灭鼠，尤其是洪灾期间人群较集中的地方，也是鼠类密度较高的地方。

（4）注意个人卫生，禁止随地小便，下水作业时要尽量穿长筒胶鞋等，保护皮肤不受钩端螺旋体侵袭。

（5）有条件的可接种钩端螺旋体疫苗，或在医生指导下服用强力霉素等药物预防发病。

（6）患者粪尿要用石灰或漂白粉消毒。

56 布鲁氏菌病怎么预防？

布鲁氏菌病是由布鲁氏菌感染引起的一种人畜共患病，简称布病。它是一种以长期发热、多汗、乏力、肌肉关节疼痛、肝脾及淋巴结肿大为特征的传染病。布鲁氏菌病的传染源主要是患病的羊、牛及猪等动物，其他动物如狗、马、鹿、骆驼等亦可传播。传播途径主要是通过皮肤及黏膜接触传染，亦可通过消化道、呼吸道感染本病。布鲁氏菌在外部环境中生活力较强，在乳及乳制品、皮毛中能生存数月，在病畜的分泌物、排泄物及死畜的脏器中能生存4个月左右。对常用的物理消毒方法和化学消毒剂敏感，湿热60℃或紫外线照射20分钟即死亡。

布鲁氏菌病的潜伏期一般1~3周，平均2周，也可长至数月甚至1年以上。临床上布鲁氏菌病分为急性感染、慢性感染，病程6个月以内为急性感染，超过6个月则为慢性感染。

急性感染患者多缓慢起病，主要症状为发热，发热多为不规则热，仅5%~20%患者出现典型波状热。另一个常见症状是多汗。几乎全部病例都有乏力症状。肌肉和关节疼痛常较剧烈，为全身肌肉疼痛和多发性、游走性大关节疼痛。另外布鲁氏菌病可累及泌尿生殖系统，男性表现为睾丸炎及附睾炎，女性可为卵巢炎。慢性期可由急性期发展而来，也可缺乏急性病史而直接表现为慢性。病程超过6个月则为慢性感染。多与不恰当治疗和局部病灶的持续感染有关，可有固定或反复发作的关节痛、肌肉痛，少数患者有滑囊炎或脊椎病变。在病程中，患者伴有疲劳乏力、全身不适、精神忧郁等。

预防措施：

（1）控制和消灭传染源。主要是对羊、牛、猪等病畜及时进行治疗，并将病畜与健畜隔离开饲养，对周围环境进行消毒。对已失去经济价值的病畜应及时淘汰处理。

（2）凡在发生布鲁氏菌病疫区的易感人群，均应做好个人防护。放牧与饲养人员的工作服或外衣，要经常或定期洗涤消毒。饭前便后用肥皂洗手，不喝生奶，不吃未煮熟的肉。

（3）对受布鲁氏菌病威胁的人群，如病畜隔离点或病畜场人员，接触畜产品的加工人员、销售人员、兽医、防疫人员、检验人员，疫区内人群和进入疫区人员，都应接种疫苗，加强免疫。

57 血吸虫病怎么预防？

血吸虫病是一种常见的寄生虫病。在我国多发生于长江流域以南诸省，多见于夏秋季。血吸虫病是由人或牛、羊、猪等哺乳动物感染了血吸虫所引起的一种传染病和寄生虫病，是严重危害身体健康的重大传染病，人和家畜都能感染。

血吸虫生存繁殖离不开钉螺。钉螺主要生长在潮湿的草滩上和沟渠旁。血吸虫虫卵从人或哺乳动物的粪便中排出，在水中孵出毛蚴，钻入钉螺体内发育成尾蚴，再从钉螺体内逸出进入水中。当人和哺乳动物接触疫水后，尾蚴很快钻入皮肤，在人体内发育成成虫产卵。人或哺乳动物接触疫水 10 秒钟，血吸虫尾蚴即可侵入皮肤，就可能造成人或哺乳动物感染发病。

人得了血吸虫病可引起发热、腹泻等，反复感染或久治不愈可引起肝硬化、腹水，严重者影响生长发育（青少年），使人丧失劳动能力，甚至危及生命。同时血吸虫患者和病畜又可作为传染源，造成血吸虫病传播。

预防措施：

（1）不在有钉螺的湖泊、河塘、水渠里进行游泳、戏水、打草、捕鱼、捞虾、洗衣、洗菜等接触疫水的活动。

（2）因生产、生活和防汛需要接触疫水时，要采取涂抹防护油膏、穿戴防护用品等措施，预防感染血吸虫。

（3）接触疫水后要及时到医院或血吸虫病防治机构进行检查和早期治疗，确诊的患者要在医生的指导下积极治疗。

（4）生活在疫区的群众要积极配合当地血吸虫病防治机构组织开展查螺、灭螺、查病和治病工作，以及对家畜进行查病和治疗工作。

（5）改水改厕，防止粪便污染水源，保证生活饮用水安全，改变不利于健康的生产、生活习惯，是预防血吸虫病传播的重要措施。

58 疟疾怎么预防？

疟疾是人体经蚊虫叮咬而感染疟原虫所引起的一种虫媒传染病，是一种严重危害人体健康的寄生虫病，又称打摆子，主要由蚊子传播。

初染疟疾者，在潜伏期的后期，常出现精神疲乏、微微发热、四肢和背部酸痛等。接着就出现急性发作，首先感到寒冷，全身发抖，面色苍白，恶心，呕吐。经 20～30 分钟后，突然高热，常达 40～41℃，面色潮红，头痛，四肢和全身酸痛。3～4 小时后，全身大汗淋漓，体温迅速下降，患者感到全身轻快，但很疲乏。这种急性症状发生的间歇时间，与各种疟原虫在红细胞内的发育增殖时间有关，如间日疟和卵形疟，每隔一日发作一次；三日疟每隔两日发作一次。恶性疟疾的症状很严重，如说胡话、烦躁不安或昏睡、抽风，多数患者在短期内死亡。发了几场疟疾以后，由于红细胞大量破裂，很快会出现贫血症状。长久不治，除衰弱、消瘦外，脾脏还会肿大（俗称疟母）。一般来说，人体对疟原虫缺乏有效的抵抗力，得过疟疾的人虽然可获得某种程度的免疫力，但仍可再次感染，尤其儿童、孕妇及非疟疾流行区的人对疟原虫更易感染，异地作业的抗洪救灾人员是疟疾高发人群。

洪涝灾害期间由于水体面积扩大，积水坑洼增多，使蚊类孳生场所增加。洪涝灾害期间灾民集中居住在庄台或堤坝上，人口密度大，居住条件简陋，卫生条件极差，多数灾民住在无防蚊设备的庵棚、帐篷内，暴露机会增加。洪涝灾害期间大牲畜数量减少，导致人群蚊虫叮咬频率增加。灾区人群流动性大，往往可将传染源带入新的居住地，如当地人群中原有免疫力低下，极易引起疟疾暴发流行。

预防措施：

（1）提高自身防蚊灭蚊意识。提倡使用蚊帐、纱门、纱窗、驱虫剂等，改变露宿习惯，减少蚊虫叮咬。对发现疟疾病例且蚊子密度较高地区的人、畜房舍进行杀虫剂室内滞留喷洒。改善环境卫生，减少和消除蚊媒孳生场所。

（2）凡出现发冷、发热等类似疟疾症状时应及时到当地医院或疾病预防控制中心进行诊治。

59 炭疽怎么预防？

炭疽是由炭疽芽孢杆菌引起的一种自然疫源性疾病，牛、羊等食草动物为主要传染源。人类主要通过接触炭疽病畜毛皮或食肉而感染，也可以通过吸入含有炭疽芽孢的粉尘或气溶胶而感染。

炭疽主要有 3 种临床类型：皮肤炭疽、肠炭疽和肺炭疽，有时会引起炭疽败血症和脑膜炎。其中皮肤炭疽最为常见，占全部病例的 95% 以上。皮肤型炭疽的皮损好发于手、面和颈部等暴露部位，其特征为皮肤出现红斑、丘疹、水疱，周围组织肿胀及浸润，继而中央坏死形成溃疡性黑色焦痂，焦痂周围皮肤发红、肿胀，疼痛不显著。肠炭疽可表现为急性胃肠炎型或急腹症型。人体感染炭疽杆菌后一般 1～5 日发病，也有的短至 12 小时，长至 2 周，急性胃肠炎型可 12～18 小时发病，同食者相继发病，类似于食物中毒。肺炭疽表现为高热，呼吸困难，可有胸痛及咳嗽，咳黏液血痰。炭疽治疗原则是隔离患者，尽早治疗。抗生素首选青霉素，并给予对症治疗，防止发生并发症。

预防措施：

（1）洪涝灾害是动物炭疽疫情暴发的危险因素，受灾地区存在局部地区炭疽疫情暴发的风险。

（2）最重要的措施是不接触病死动物，发现牛、羊等动物突然死亡，要做到"三不"，即不宰杀、不食用、不买卖，并立即报告当地农业畜牧部门进行处理。

（3）一旦发现自己或周围有人出现炭疽的临床症状，应立即报告当地卫生或疾病预防控制机构，并及时就医。

（4）注意从正规渠道购买牛羊肉制品，不购买和食用病死牲畜或来源不明的肉类。

四

正确处理
常见疾病
和外伤

60 出现皮肤浸渍怎么办？

　　洪涝灾害发生后，由于长时间浸泡在洪水中，皮肤变软变白，甚至起皱，摩擦后容易发生脱落而露出糜烂面，甚至造成局部溃疡及继发感染。

　　保持局部干燥，首先用洁净水（无菌生理盐水、饮用水、煮沸过的水等）充分洗净后晾干，对于没有糜烂、渗出、继发感染处可用痱子粉扑于患处。对于糜烂、渗出处可用3%硼酸溶液湿敷（6～8层纱布浸透至完全湿润但不滴水状态，每次15～20分钟，每日3次）。由于洪水中可能存在大量污染物，糜烂、溃疡处极易继发感染，而此时以细菌感染为多见，表现为红肿、疼痛、脓性分泌物等。用碘伏消毒后外涂抗生素软膏（莫匹罗星软膏或复方多黏菌素B软膏等），严重者甚至需要口服抗生素（罗红霉素、阿莫西林或头孢类等）。由于洪水中微生物种类复杂，不排除特殊微生物感染可能，若经上述方法治疗无效，及时至正规医院就诊。

　　要想减少皮肤出现浸渍，就要尽量避免皮肤长时间在水中浸泡，尤其是手足部位，涉水时可穿防水长筒靴、戴防水手套等。

61 得了细菌性毛囊炎怎么办?

灾区卫生条件差、气候潮湿,且缺乏洁净水洗浴,容易发生毛囊炎,尤其是细菌性毛囊炎。

症状较轻的毛囊炎,表现为红色毛囊性丘疹,数日内中央出现脓疱,周围有红晕,此时可外涂碘伏、红霉素软膏、莫匹罗星软膏或夫西地酸乳膏等。多发性毛囊炎可同时口服清热解毒的中药,严重者需口服抗生素(罗红霉素、阿莫西林或头孢类等)。当皮肤出现明显红肿、疼痛,特别是伴有发热时,一定要及时至正规医院就诊,此时有可能是细菌感染引起的疖、痈等,要在医生指导下及时使用敏感抗生素进行治疗。

为了预防细菌性毛囊炎的发生,要用洁净水洗脸、洗澡、洗衣服,穿着干燥内衣、内裤和袜子。

62 痱子怎么预防?

炎夏暑热,气温较高,常有人皮肤上出现痱子和疖子,尤其是儿童更容易发生，给家长们带来不少麻烦。

夏日，人们出汗多，汗腺管口阻塞，汗液潴留在汗腺管内排泄不出，容易出痱子，尤以儿童多发。这是因为小孩子的汗腺发育不全，又好动多汗，加之处理不当而引起的。

痱子多发于头颈、肩背部，皮肤表面出现大片红色密集小疱疹，瘙痒难忍。痱子不经治疗，待气候转凉或将患者转移至凉爽环境后，可自行消退，但一些人因搔抓可引发皮炎、脓疱疮和疖子等。

在夏日高温来临时，要尽早预防痱子。注意居室通风降温，勤换衣服、勤洗澡，保持皮肤清洁、干燥。此外，避免阳光下直接曝晒，孩子玩耍尽量在阴凉处。

出汗时，要及时擦干，用温水清洗皮肤。长了痱子可用花露水、风油精或酒精涂抹止痒，促使痱子尽快消退。

63 疖子怎么预防？

疖子也多发生在夏秋季。一般出现在毛囊和皮脂腺丰富的部位，如头部、面部、颈部、背部、腋下、臀部等容易擦伤、不清洁或常受到摩擦的部位。

疖子最初出现时，是一个红、肿、热、痛的圆锥形隆起的小硬结。几天以后，肿块中央顶端出现一个黄白色的小脓头，最后疖子的中央变软，脓液排出而愈合。

疖肿一般无全身症状，多发疖称疖病。发生于上唇、鼻周围面部所谓"危险三角区"的疖肿，因为面部三角区的血管丰富，并且与颅内的血管相通，所以，稍有不慎，细菌就可能顺着血流进入颅内，并发颅内感染。看来，虽然是小小的疖肿，也不能麻痹大意。

早期疖肿，当还没有脓头出现的时候，可以在疖子表面涂一些2%碘酊，也可用20%鱼石脂软膏、金黄膏涂敷。鱼石脂软膏是一种黑色的油膏，将它敷在疖肿的部位，再贴上纱布敷料。也可用热敷等方法进行治疗。当疖子出现白色脓头，消毒后用镊子夹去脓头，以利引流；若引流不畅还要切开引流，让脓液流出来。对未成熟的疖，或是口鼻"危险三角区"的疖，严禁挤压，以防止炎症扩散或引起败血症。有全身症状者，可服用抗生素或中药治疗。

注意皮肤的清洁卫生，是预防疖肿发生的重要措施。特别是在夏日，更要经常洗澡、洗头，勤换衣服，常剪指甲。

糖尿病患者经常长疖子，所以，如果反复长疖子，要去医院检查一下自己是否患有糖尿病。

64 丹毒怎么预防？

丹毒俗称"流火"，大多数是由乙型溶血性链球菌感染引起的一种急性感染性皮肤疾病，最常见的感染部位是下肢和面部，表现为局部的红斑，表面发热，伴有疼痛，与周围正常的皮肤之间分界比较明显。

该病多发生在足部，足癣或糖尿病患者因脚趾缝间糜烂、皮肤表面有小伤口容易感染。大多数人在遭遇暴雨积水后，选择蹚水出行，但积水中混杂了地面和地下管网中的各种污物，有大量致病细菌、病毒、真菌等，如果双脚皮肤有破溃，致病菌从小的皮肤伤口进入皮下淋巴管，导致感染丹毒、脚癣等疾病。

除了局部皮肤的红肿疼痛外，丹毒患者局部的淋巴结也会肿大。如不及时处理，红肿皮肤表面可能发生水疱、大疱或血疱，往往伴有发热、寒战、头痛等症状，严重者可能发展为败血症或脓毒血症，危及生命。所以，蹚水后，皮肤如出现红斑、水疱、瘙痒等症状，请及时就医，尤其是本身就有足癣或其他皮肤病的患者，切勿凭经验用药，以免耽误病情。

预防措施：

（1）如果皮肤本来有破口，先在创口处涂上抗菌药膏，尽量穿高筒雨靴或套上厚塑料袋，不要光足涉水。

（2）涉水的鞋子尽量及时清洗晒干后再穿，不要连续穿。

（3）光脚蹚水后，要仔细冲刷足部，保持干爽，也可以用生理盐水冲洗浸泡双小腿 15~20 分钟后，再用清洁水洗净晾干。

（4）有灰指甲、脚气、脚上有破口的人，更要注意保持足部卫生。记住不要赤足涉水。

（5）增强抵抗力。多运动，多吃蛋白质丰富的食品，只有个人抵抗力增强了，才能避免丹毒的发生。

65 儿童脓疱疮怎么预防？

脓疱疮是灾区儿童常见的皮肤病，因为灾区卫生条件较差，缺乏清洁洗浴用水，再加上儿童皮肤屏障作用较弱，如不注意个人卫生，容易引起脓疱疮。脓疱疮是一种急性皮肤化脓性炎症，其中接触传染性脓疱疮，又称寻常型脓疱疮，以面部等暴露部位多见。早期表现为红色斑点或小丘疹，迅速转变为脓疱，周围有明显红晕，疱壁薄，易破溃、糜烂，疱液干燥后形成蜜黄色厚痂。病情严重者可有全身中毒症状伴淋巴结炎，甚至引起败血症或急性肾小球肾炎。

预防措施：

脓疱疮具有传染性，因此患儿应进行隔离。对已污染的衣物及环境应及时消毒，以减少疾病传播。脓疱未破者可外涂 10% 炉甘石洗剂。脓疱较大者应抽取疱液。脓疱破溃者可用 1：5000 高锰酸钾溶液湿敷，再外用硼酸氧化锌冰片软膏、夫西地酸乳膏或莫匹罗星软膏等。对于皮损泛发、全身症状较重者应及时至正规医院就诊。因为脓疱疮具有传染性，所以要避免直接接触脓疱疮患者，注意个人卫生。

66 真菌感染性皮肤病怎么预防？

夏季由于炎热、气温高、多汗，本来就是皮肤真菌感染的高发季节。因浸泡在洪水中又无法保证个人卫生，洪灾后天气更热，很容易发生手足癣、股癣、体癣等真菌感染性皮肤病。

得了真菌感染性皮肤病，可用洁净水清洗皮肤，局部没有渗出者可涂抹酮康唑乳膏、克霉唑乳膏或特比萘芬乳膏等。有渗出者需先用 3% 硼酸溶液湿敷，待没有渗出后再用上述药物。当局部合并有继发细菌感染者，可同时使用抗生素药膏。

预防措施：

有足癣者要勤换鞋袜，保持足部皮肤干燥。有股癣者应勤换内裤，穿宽松、透气性好的内裤。不要使用公用洗浴用品，如毛巾、浴巾、拖鞋等。

67 湿疹皮炎等过敏性皮肤病怎么预防？

当接触洪水或大量出汗后，容易出现皮肤潮湿、皮肤屏障受损，继而发生湿疹、皮疹等过敏性皮肤病，主要表现为红斑、丘疹，严重时出现水疱，常伴明显瘙痒，处理不当可继发细菌感染。

在治疗上可口服抗组胺药，外用激素类药或者中药止痒药膏，有渗出时使用 3% 硼酸溶液湿敷。若合并细菌感染，需积极外用甚至口服抗生素药物。

预防措施：

预防的关键是避开可疑过敏原，避免化纤及毛织品刺激，避免接触肥皂、洗洁精、洗衣粉等洗涤剂。不要食用辛辣食物、易致敏食物及饮酒。不要用热水烫洗皮肤，尽量减少搔抓患处，减少日光曝晒。接触洪水后及时清洗皮肤，保持皮肤清洁。皮肤干燥者，要及时涂抹润肤乳，以保持湿润、减轻瘙痒症状。

68 红眼病怎么预防？

人们常说的红眼病和暴发性火眼，是指急性流行性结膜炎。这是一种由病毒或细菌所引起的眼结膜传染病，传染性强，流行相当快，常发生在夏、秋季节，可以迅速蔓延，甚至暴发流行。

红眼病是通过接触传染的，主要传播途径是"患眼—手"或"脏物—健眼"。患者手部接触过的或洗脸时用过的物品，其他人接触后揉自己的眼睛，几小时以后就可能发病，一般三四天病情达到高峰。一定要注意，不能使用患者的毛巾、手帕、枕巾、脸盆，也不要与患者一起在水池里游泳。

红眼病一般是双眼先后或同时发病。病初起时，眼皮肿胀，眼睛有大量脓性分泌物（即眼屎），早晨起床时，眼睛常被眼屎糊住，不易睁开。白眼珠上可出现出血点。患者自觉眼内刺痛、怕光、流眼泪。重者还可能出现发热、流鼻涕、咽喉肿痛、耳朵前面及下颌部淋巴结肿大等症状。一般 10 日可治愈。

眼屎分泌较多时，可以用生理盐水或3%硼酸溶液冲洗双眼，并用眼药水滴眼，每隔2小时滴一次，最好同时使用两种眼药水滴眼。常用的眼药水有氯霉素眼药水、利福平眼药水、病毒灵眼药水等，睡觉前再涂上一些消炎性眼药膏，如红霉素眼膏、四环素眼膏等。

预防措施：

（1）对红眼病患者应进行生活隔离，不要使用患者的用品。给患者点眼后，要用流动水将手洗干净。

（2）平时要养成不用手揉眼睛的良好习惯，手帕、毛巾、洗脸盆不与他人共用。

（3）幼儿园、旅馆、浴池、理发店都应提供个人专用毛巾，用后煮沸消毒。

（4）红眼病流行期间，不要去公共娱乐场所活动。

69 高热怎么办？

高热是指体温超过39℃。高热的原因很多，一般可以分为感染性和非感染性两大类，前一类比较多见，如普通感冒、流行性感冒、伤寒、副伤寒、痢疾、中毒性痢疾（多见于儿童）、流行性乙型脑炎、流行性出血热、钩端螺旋体病、肺炎、流行性脑膜炎、结核病、急性扁桃体炎、急性支气管炎、皮肤化脓性感染、外伤感染、败血症等。非感染性的高热见于中暑、脑出血等。高热只是一些疾病的一个症状，不是独立的疾病，应当请医务人员结合其他临床表现来做出诊断，并给予恰当的治疗。发热是人体与疾病斗争的一种表现。高热原因没有查明之前不要随便使用退热药。如果体温太高，患者太难受，可以用32～34℃的温水擦澡，尤其是擦颈部、胸部、腋下、大腿根等部位以降温，减轻难受的感觉。必要时也可以用冷水或酒精擦澡。

70 得了普通感冒或流感怎么办？

　　人们常说的感冒指的是普通感冒，俗称伤风。还有一种是流行性感冒，俗称流感。它们都属于病毒引起的上呼吸道感染性疾病。

　　普通感冒是由感冒病毒引起的，一年四季都可发病，患病者不分男女老幼。引起感冒的病毒种类非常多，目前已经知道的就有 8 类，共分为 200 多种，而且病毒还在不断变异，所以新型感冒病毒不断出现，人们也就会反复发生感冒。

流感是由流感病毒引起的，流感病毒分为甲、乙、丙三型，它们也经常发生变异，经常发生反复流行或大流行，传播迅速，常造成地区性流行，有时甚至发生世界性大流行。

普通感冒常以鼻咽部发干、打喷嚏开始，然后出现流涕、鼻塞等症状，发低热，大多数不超过 39℃，一般在 38℃左右，症状较轻，如头痛、全身酸痛、怕冷等。

流感发病较急，体温上升快，患者常有寒战、高热，体温常超过 39℃。患者全身症状很重，如头痛、全身酸痛、软弱无力等。相比之下，像鼻塞、流涕、咽喉干燥等症状并不十分突出。小儿患流感后，全身症状更多，可以有腹痛、腹泻、呕吐，甚至出现惊厥。

患普通感冒或流感后，要注意让患者多休息，多喝水，吃一些口味清淡、容易消化的半流质饮食，如稀饭、牛奶、豆浆，也可以吃一些水果。患者头痛发热时，可服用一些解热镇痛的药物。也可以服用一些中成药，如风寒型感冒，可服用通宣理肺丸、九味羌活丸等；风热型感冒可服用银翘解毒丸、桑菊感冒片等。

感冒如果没有其他并发症，一般在 1 周以内可以不治而愈，很少有人因感冒而发生危险。流感的病情一般较重，常可合并肺炎，恢复起来也较慢，特别是儿童、老人及原来就患有慢性支气管炎、支气管哮喘、肺气肿、肺结核或心脏病的人，一旦患了流感，则更容易受到肺炎的威胁，甚至危及生命。

在流感流行期间，要避免去公共场所和人多拥挤的地方，与打喷嚏的人要保持1米以上的距离。家庭室内要注意通风换气，即使天气再冷也要开窗通风，以保持室内空气流通。勤洗手对预防流感也有一定作用。可服用板蓝根冲剂或板蓝根与贯众煎剂预防流感，有条件者，最好接种流感疫苗进行预防。

71 出现外伤怎么办？

（1）对出血伤口迅速止血。如出血似喷射状，则是动脉破损，应在伤口上方即出血点近心端，找到动脉血管（一条或多条），用手指或手掌把血管压住，即可止血。如四肢受伤亦可在伤口上端用绳布带等捆扎，松紧以出血状态为度，每隔1～2小时松开一次。静脉出血和毛细血管出血可用加压包扎止血。

（2）包扎伤口。找到并暴露伤口，迅速检查伤情，如有酒精和碘酒棉球应消毒伤口周围皮肤后，用干净的毛巾、布条等将伤口包扎好。

（3）对骨折肢体应进行临时固定。如没有夹板，可用木棍、树枝等代替。固定要领是尽量减少对伤员的搬动，肢体与夹板之间要垫平，夹板长度要超过上下两关节，并固定、绑好，留指尖或趾尖暴露在外。

（4）紧急处理的同时，迅速寻求医务人员的帮助，如外伤严重应尽早送医院。

72 虫咬引起皮肤病怎么办？

洪水过后蚊虫大量孳生，并且洪涝灾害使生活环境和生活质量发生变化，睡觉时也容易受到蚊虫叮咬，尤其是儿童。虫咬皮炎以四肢为好发部位，皮疹表现为红色小丘疹，严重者出现水肿性红斑、水疱、大疱，常伴剧烈瘙痒及抓痕。

治疗上可外用炉甘石洗剂或其他止痒剂以减轻瘙痒症状，疗效不佳者也可外用激素类药膏（如糠酸莫米松乳膏等），但注意尽量避免应用于面颈部、腋窝、腹股沟等敏感部位。明显瘙痒者可口服抗组胺药（如西替利嗪、氯雷他定等）。

预防上要注意保持皮肤及室内清洁卫生，及时清理积水及垃圾。睡觉时使用防蚊液、蚊帐等，外用防虫剂等是预防虫咬较好的办法。

73 被虫咬蜇伤怎么办？

（1）蜈蚣咬伤。蜈蚣毒液是酸性的，可以用碱性液体来中和。可用稀碱水、肥皂水清洗或浸泡伤口。稀氨水、碳酸氢钠溶液都有良好的止痛效果。也可口服镇痛药。将鲜乳汁或大青叶、薄荷叶等中草药捣烂后涂伤口上，也可缓解疼痛症状。

（2）蝎子蜇伤。蝎子毒液也是酸性的，往伤口上涂一些稀碱水或氨水，可使疼痛减轻。冷敷也可防止毒液扩散和吸收。严重时可将伤口挑破，使毒血外流，也可用吸引器将毒血吸出，然后用弱碱液或高锰酸钾溶液洗涤伤口。

（3）马蜂蜇伤。马蜂毒液是碱性的，所以被马蜂蜇伤要往伤口上涂些醋，来缓解疼痛症状。

（4）蜜蜂蜇伤。蜜蜂毒液是酸性的，所以往伤口上涂碱水、肥皂水、氨水等碱性液体，可缓解疼痛症状。将洋葱洗净后切一片摩擦蜇伤处，有止痛消肿作用。局部症状严重时可用火罐、吸引器将毒液吸出。也可用鲜马齿苋少许捣烂取汁内服，药渣外敷患处。

（5）蚊子、臭虫、金毛虫（洋拉子）和白蛉咬蜇伤。蚊子、臭虫、洋拉子和白蛉的毒液都是酸性的，涂些碱水、肥皂水可减轻痛痒症状。也可涂虫咬水、清凉油等外用药。

74 被蛇咬伤怎么办？

蛇多数生活在阴凉潮湿的地方，一般不主动向人发起攻击，被行人误踩或碰撞时才会咬人。出现自然灾害，如水灾时蛇会窜到安全的处所，与人遭遇，这时被蛇咬伤的事件便会发生。为避免被蛇咬伤，应尽量避开有蛇出没的地方，如果必须从这些地方走过，应避开多草的地段，最好在裸露、多石头的地面上走。要穿长裤，鞋要把脚全包住。蛇可分为毒蛇和无毒蛇两大类。无毒蛇咬人留下的牙痕细小，排成八字形的两排。而毒蛇咬伤后皮肤上常见两个又大又深的牙痕。被蛇咬伤后不要慌张，应马上检查伤口，判断咬人的是不是毒蛇。无毒蛇咬伤不用特殊处理，往伤处涂点红药水或碘酒就可以了。

如果肯定是毒蛇咬伤或当时不能判断咬人的蛇有没有毒，就应按毒蛇咬伤处理。用橡皮管或皮带、布条、绳子等捆扎在伤口上侧，每隔半小时放松一次，每次 1 ~ 2 分钟。尽量去除伤口里的毒液，用过氧化氢溶液或冷开水、盐水等冲洗伤口。然后用消毒（如火烧）过的小刀或刀片划开牙痕之间的皮肤，手指在伤口两侧挤压，以排出毒液。紧急时可直接用嘴吮吸（注意嘴里不能有破损），吸后马上把吸进的液体吐掉并且漱口。如果有蛇药或半边莲等草药，可以敷在伤口上。急救处理后把伤者送到医院继续治疗。

75 转移时被携带的狗、猫等宠物咬伤怎么办？

洪灾突发时，有些家庭会携带狗、猫转移，在异常天气下狗、猫情绪不稳定，更容易发生抓伤和咬伤人的情况。此时更应该重视狂犬病，因为人得了狂犬病以后，几乎百分之百死亡。一般人只知道被疯狗、疯猫咬伤后会得狂犬病，其实一些正常的狗、猫血液和唾液中也可能带有狂犬病病毒，如被所谓健康的狗、猫咬伤也会使人感染狂犬病。

被狗、猫咬伤后，对伤口进行及时、正确、彻底的处理，是防止狂犬病发生的首要措施。可先用大量清水和肥皂彻底冲洗伤口及伤口周围的皮肤，至少20分钟以上，然后用70%酒精或白酒反复涂擦伤口，最后用碘酒对伤口做消毒处理。伤口不宜缝合或包扎。在远离医疗点的地方，被咬伤者可先进行清水冲洗和白酒涂擦等措施，然后去医院做进一步清创处理。

凡被狗、猫咬伤、抓伤者，在处理伤口后，都要及早注射狂犬病疫苗。对一般咬伤者，如无流血的轻度咬伤或抓伤，或破损皮肤被舔及，应在伤后当日（0日，以下类推）以及3、7、14、30日各注射狂犬病疫苗1支，全程共注射5针。对咬伤严重者，如上肢、头面颈部咬伤，或身体多处咬伤，应在注射第一针狂犬病疫苗的同时，用抗狂犬病血清或狂犬病免疫球蛋白在伤口周围和肌肉内注射，并在狂犬病疫苗全程注射5针后，再加强注射2～3针。

76 如何对溺水者实施急救？

洪涝灾害发生时，常常发生不幸溺水事件。不会游泳的人意外落水后，手脚拼命挣扎，河水、河泥及水草等进入肺部，造成窒息死亡。淹溺的进程很快，一般在6~7分钟就可因呼吸、心跳停止而死亡，必须积极抢救。

淹溺后，大量水、藻草类、泥沙进入口鼻、气管和肺，阻塞呼吸道而窒息，这是最常见的致死原因。还有惊恐、寒冷使喉头痉挛，呼吸道梗阻而窒息。

当发现溺水者后，立即拨打120，并进行现场急救。现场急救是整个急救治疗过程中最关键的一环。

施救措施：

（1）要根据现场条件，在岸上就地取材，用木板系上绳子当漂浮物，抛向溺水者，或用长竹竿迅速将溺水者救出水面。

（2）有熟练游泳技术的人，也可直接下水营救。营救时，要从溺水者的背后迅速接近溺水者，然后用仰泳或侧泳将其救上岸。如果救护者的身体被溺水者缠住，要立即机智地设法解脱，以免被拖下水。

（3）人救上岸后，要立即清除溺水者口、鼻内的淤泥、杂草和呕吐物等。保持呼吸道畅通。

（4）如果溺水者已经没有呼吸和心跳，就要在现场进行口对口吹气和胸外心脏按压。在淹溺抢救的时候，通过有效的人工通气迅速纠正缺氧是淹溺现场急救的关键。无论是现场第一目击者还是专业人员，初始复苏时都应该首先从开放气道和人工通气开始。开放气道后首先人工呼吸2~5口。

吹气与按压应按照 A–B–C–D 顺序，即开放气道，人工呼吸2~5口，胸外心脏按压30次，抓紧时间进行自动体外除颤。在做口对口吹气式人工呼吸时，吹气的力量要适当，吹气后应使溺水者胸部隆起。每进行30次胸外心脏按压后，连续做2次人工呼吸。

（5）如果离医院较近，应立即将溺水者送往医院急救。

77 怎样实施人工呼吸和胸外心脏按压急救？

溺水、触电者，脑血管、心血管意外患者或外伤伤员，如遇到呼吸、心跳骤停的情况，可通过人工呼吸和胸外心脏按压急救。

如果患者神志不清、面色灰白、口唇青紫，既摸不到脉搏，也听不到心跳、呼吸的声音，并且瞳孔散大，就应立即进行心

肺复苏。心肺复苏包括如下步骤:

(1)胸外心脏按压术。无论心跳骤停的原因是什么,都需要进行胸外心脏按压术。

具体方法是,患者平卧在木板床上或地板上,或背部垫上木板。施救者站在或跪在患者的一侧,一手掌根部放在患者胸骨的中下段(相当于两乳头连线的正中间),另一手掌重叠放在前手手背上,帮助加压。双手重叠,并借助施救人员体重的力量,进行有节奏的冲击性按压,使患者的胸廓下陷5~6厘米。在最大压缩位置上停留半秒,然后突然放松压力,但双手并不离开胸骨部位。如此反复进行,每分钟按压100~120次。

(2)保持呼吸道通畅,即开放气道。使患者平卧,迅速清理其口、鼻内的呕吐物、分泌物、痰液、血块或泥沙、假牙等。松开衣领,使患者的头部充分后仰,这样可以打开气道,使呼吸道处在平顺畅通状态,气体容易进出。不要为了使患者舒服,而在他的头下垫上枕头。

开放气道的方法是,一只手放在患者的额头上往下压,另一只手的手指放在患者的下巴(下颌骨)上往上抬,使患者的头部后仰,气道得以打开。注意不要把手或胳膊放在患者的脖子上。

(3)口对口吹气式人工呼吸。开放气道后,立即施用口对口吹气式人工呼吸。救护人用自己的嘴,紧密地包严患者的嘴,然后对着患者吹气,使患者被动地进行呼吸,从而达到肺复苏。

具体方法是，救护人首先打开患者的气道，然后紧密地对着患者的嘴（不要漏气）吹进，同时用放在患者额头上的拇指和食指捏紧患者的鼻孔，以免气体由此漏出。吹气时，可将一块简易呼吸面膜或薄手绢、纱布垫隔于救护人和患者的嘴之间。

胸外心脏按压、口对口人工呼吸联合实施就是心肺复苏术，可以在第一时间恢复患者的呼吸、心跳。

每30次胸外心脏按压、2次人工呼吸为1个循环，连续做5个循环，进行生命体征评估；如果无呼吸无心跳，继续做5个循环，直至复苏成功或救护车到来。心肺复苏有效的指征是：患者面色、口唇由苍白、青紫变红润；恢复自主呼吸及脉搏搏动；眼球活动，手足抽动，呻吟。

（4）专业人员使用自动体外除颤仪除颤。

五

灾害期间
新冠疫情
防控

78 为什么洪涝灾害后新冠疫情防控尤为重要？

洪涝灾害后，很多居民转移或集中安置，同时外省救援人员、志愿者、亲朋好友及救援物资等大量进入灾区，可能出现大量人员聚集、接触增加的情况，造成疫情输入和疫情传播。再加上天气炎热，资源紧缺，很多防护措施不能有效执行。人们身心受到影响，免疫力下降，灾后还面临其他疫病的威胁。灾后新冠疫苗接种可能受到影响，目前尚未形成免疫屏障，疫情防控形势更为严峻，因此洪涝灾害后更应重视新冠疫情防控工作。

79 洪涝灾害后如何做好新冠疫情防护？

（1）保持个人防护意识，准备充足的防护用品。

（2）坚持戴口罩，勤洗手，勤通风。

（3）不聚集，不聚餐，保持社交距离。

（4）不随地吐痰，不随地大小便。

（5）保持居住环境卫生，及时清理垃圾。

（6）注意饮食卫生。

（7）开展自我健康监测，出现发热后做好个人防护，及时到发热门诊就诊。

（8）保持良好的睡眠、饮食和心态。

（9）积极主动地尽早按程序接种疫苗。

（10）转移安置过程中也应尽量采取上述防护措施。

80 洪灾期间，怀疑身边的人感染了新冠病毒怎么办？

如果怀疑身边的人感染了新冠病毒，首先要做好个人防护，戴好口罩，避免近距离接触。同时，建议对方及时佩戴口罩，到就近的定点发热门诊接受治疗。

81　如何防止灾后新冠疫情反弹？

受灾群众聚集，集体饮食、睡眠不足，身体抵抗力变差，此时如果有新冠确诊患者或无症状感染者出现，特别容易发生快速传播。因此在救灾复产的同时，对新冠预防工作仍应慎终如始，严格佩戴口罩，尽量避免大范围人群聚集，多开窗通风，勤洗手，勤消毒。尽量待在家中或者安全的地方，防止"大灾之后有大疫"的情况发生。如有发热、咳嗽、腹泻、乏力症状，要尽快到医院的发热门诊寻求帮助。遵医嘱，配合传染病隔离，注意药物使用方法。

82　洪灾期间拟从国内外中高风险地区进入灾区人员该怎么办？

近期有些地区遭遇罕见特大暴雨，遵从当地防疫规定，拟从中高风险地区进入灾区人员，应提前 24 小时主动向目的地所在社区、单位报告相关情况，到灾区时携带 48 小时内核酸检测证明。有发热、咳嗽、腹泻、乏力症状时，要尽快到医院的发热门诊寻求帮助。遵医嘱，配合传染病隔离，注意药物使用方法。

83 受灾群众安置场所有哪些要求？

为了有效防控新冠疫情，建议每个安置小区的规模不宜过大，适当控制人口密度，必要时可以分区安置。安置点在环境卫生和健康防护方面一定提前做好预案，及时储备好物资，比如口罩、手套和消毒用品等。对入住人员要测体温，并进行健康状况登记，减少不必要的聚集。一旦出现发热、腹泻等不适症状应及时就诊，自觉隔离，并积极配合疫情调查以及消杀工作等。

84 出现哪些症状需要就医？

　　新冠病毒感染的肺炎以发热、乏力、干咳为主要表现，少数人伴有鼻塞、流涕、腹泻等症状。重症病例多在 1 周后出现呼吸困难，严重者快速进展为呼吸窘迫综合征、脓毒症休克、难以纠正的代谢性酸中毒和凝血功能障碍。如果出现呼吸道症状，以及发热、畏寒、乏力、腹泻、结膜充血等症状，需要及时就医排查。

六

灾后环境消杀

85 洪涝灾害期间病媒生物防治原则是什么？

为保护广大人民身体健康，防止或降低虫媒传染病和肠道传染病的发生，在洪涝灾害期间，应结合地理条件，因地制宜，坚持既控制病媒生物的数量，又治理蚊蝇鼠孳生地的标本兼治的防治原则。

86 洪水过后首先要进行的病媒生物控制方法是什么？

（1）环境清理。洪水退后，要立即开展群众性的爱国卫生运动，对室内外进行彻底的环境清理，改善环境卫生。

对遭受灾害的外环境进行彻底的清理消毒。及时处理动物尸体，搭建临时厕所，集中处理粪便，清理街道或居民区周围的淤泥和垃圾，填平或疏导地面积水，倾倒容器积水并倒置容器，生活垃圾集中堆放处理。环境治理是洪水过后预防控制病媒生物最有效的措施之一。

（2）环境消毒。道路和院落一般情况下无须消毒，只需对可能接触物体表面进行消毒。先清淤，后消毒。

一般生活垃圾无须进行消毒处理，做好卫生管理工作，日产日清。含有腐败物品的垃圾需按照说明书配制 84 消毒液或其他消毒剂进行喷洒，然后统一收集处理。

对清出的新鲜动物尸体应尽快深埋或火化，对已经发臭的动物尸体，可用 84 消毒液，并按照说明书配制后，喷洒尸体及其周围环境，去除臭味并消毒，然后再深埋处理。处理人员需做好个人防护，严禁用手直接接触动物尸体。

87 洪涝灾害后如何防蚊灭蚊？

洪水会使外环境积水点增多，如轮胎、各种容器、低洼处等，这些积水点会迅速成为蚊子幼虫孳生点。同时夏秋季节往往温度较高、湿度较大，积水和湿热环境利于蚊虫繁衍，如不及时采取措施，一两周之后就会有一大波蚊虫到来。具体防治手段如下：

（1）物理手段。利用泥土、石头等废弃物填平沟渠、水坑、洼地，消除蚊虫孳生场所。灾后环境中遗留的暂时不能清除的积水，要尽快疏通使之流动，减少蚊虫孳生。对小型容器予以彻底清除和破坏。倒净或打碎小型坛罐、积水器。环境积水清理的程度决定洪水后蚊虫的密度。灾民或救灾人员夜间休息应使用蚊帐，以阻断蚊虫与人接触。房屋或临时安置点应安装纱门、纱窗。

（2）化学手段。室外空间喷洒杀虫剂，迅速杀灭蚊虫，应选用热烟雾、超低容量制剂及相应器械。室内可用持效期较长的杀虫剂做滞留喷洒，或使用气雾剂喷洒、蚊香熏杀，户外活动或工作时涂抹驱虫剂。对无法清除的水体和容器，采用持效期长的杀虫剂喷洒水体，杀灭水中的幼蚊。

88 灾区如何防蝇灭蝇？

可以安装纱门、纱窗、防蝇帘等防蝇。

及时清理垃圾，对各种腐烂变质物、废弃物等集中进行无害化处理，临时粪坑要加盖和投药。对动物尸体要深埋。加强个人防护，减少与蝇类的接触。保护好食物和水源。

室内墙壁、顶棚应用持效期长的杀虫剂喷洒。应用毒绳、毒饵、毒水灭蝇，也可用粘蝇纸粘蝇。室外可用空间喷雾灭蝇，也可用诱蝇笼捕蝇。公共厕所、临时厕所、垃圾堆等蝇类孳生地可使用杀虫剂灭蝇。

89 灾区如何防鼠灭鼠？有哪些方法？

在临时聚居地及周围贮存粮食及食物的地方最好建防鼠台，也可以用鼠夹（笼）进行捕杀。采用鼠笼、鼠夹和粘鼠板等器具灭鼠既安全又有效，是灾民安置点室内和灾棚内灭鼠的常用方法。

化学灭鼠时应使用高效安全的抗凝血杀鼠剂，在潮湿环境中应使用蜡块毒饵。若需当地配制毒饵，应由专业技术人员统一配制。根据鼠情决定毒饵投放量，统一投放。投饵工作由受过培训的灭鼠员承担，投饵点应有醒目标记。诱饵放置在儿童不易接触到的位置，应有毒物标识，以防误食。投毒后及时搜寻死鼠，管好禽畜。投饵结束后应及时收集剩余毒饵，焚烧或在适当地点深埋。卫生部门要做好中毒急救的准备。灭鼠时，应在居住区喷洒杀虫剂，消灭离开鼠体的跳蚤、螨虫等。

鼠尸统一处理，焚烧深埋均可，但以焚烧为好。深埋处理时应当在填埋时适当喷洒消毒剂对其进行处理。

当发现老鼠身上有跳蚤、螨虫时，应在居住区喷洒杀虫剂，消灭离开鼠体的跳蚤、螨虫等，再灭鼠。

90 关于病媒生物防治有什么需要注意的？

灾后一定时间内专业力量有限，无法满足灾区的防治需求，可充分利用爱国卫生运动的优势，发动群众参与，以环境整治和清理病媒生物孳生场所为重点，有条件时还可通过政府购买服务方式，鼓励和引入有害生物防治机构等社会力量参与。同时通过开展健康教育，普及防治知识，增强群众的卫生和健康意识，主动配合并积极参与，做到群防群治，彻底清理病媒生物孳生场所，标本兼治，以有效控制病媒生物密度。

使用杀虫剂或灭鼠药应严格遵守杀虫灭鼠药械的采购、保存、配制和使用规定，严禁使用高毒、剧毒药剂。药械应专人管理，不得与食品和其他药品混放，使用和保管应注意防护。医疗机构应配备必要的解毒药品，一旦发现有人员中毒，应立即送离现场急救，以确保生命安全。不可滥用和过度使用杀虫剂，以免造成环境污染和破坏生态平衡。

91 地铁站、商场等经营场所以及街道、社区等居住场所的消毒方式一般有哪些？

对被洪水淹没过的地铁站、商场等室内公共活动区域及时进行彻底的卫生处理，先清理，后消毒。室内物体表面、墙壁、地面可采用有效氯 500 毫克 / 升含氯消毒剂进行喷洒、擦拭消毒，作用 30 分钟。在无疫情情况下，不用对室内空气进行消毒剂喷雾消毒，应保持室内空气流通，以自然通风为主，通风不良的场所可采用机械通风，防止物品发生霉变。

对被洪水淹没过的街道、社区等室外公共活动区域进行彻底的清污，改善环境卫生。清理完成后，再开展消毒处理。墙壁、地面可采用有效氯 500 毫克 / 升含氯消毒剂进行喷洒、擦拭消毒，作用 30 分钟。

92 为什么要做好居家消毒？

暴雨天气，引发大范围洪水和城市内涝，多地居民家中、地下室被淹，污物随洪水流入室内。洪水退后，被淹过的房屋肮脏潮湿，环境遭破坏，水源可能污染，细菌易繁殖，蚊虫易孳生，极易引起各类肠道传染病、寄生虫病、皮肤病，居民应做好居家卫生清洁消毒，预防灾后疫情。

93 重点消毒对象一般有哪些？

（1）室内被洪水污染的墙面、地面、物体表面（门窗、桌面等）。

（2）被洪水污染的餐具、玩具等生活用品。

（3）被污染的饮用水。

94 使用消毒剂时应注意的事项有哪些？

84消毒液不可与其他消毒剂或清洁用品混用(比如洁厕灵、酒精等)。

消毒液可能对衣物、家具等有一定的腐蚀性，达到作用时间后应用清水进行冲洗擦拭。消毒剂请严格按说明书配制使用。

七
应对心理压力

95 洪涝灾害后会出现哪些心理反应？

灾难发生之后，有些人可能会有家园丧失、亲人伤亡或是自己受伤的遭遇。在这种情况下，心理可能会在未来数周内产生一些反应。这些在灾难后出现的反应都是正常的，是人对非正常的灾难的正常反应。大多数人在灾难过去数月之内，这些反应都会自行缓解。常见的心理反应有以下表现：

①恐惧和担心。包括担心灾难会再次发生，害怕自己或者亲人会受到伤害，害怕只剩自己一个人，害怕自己崩溃，或者无法控制自己情绪，害怕被进一步伤害，缺乏安全感。②无助。觉得人是那么脆弱，不堪一击，不知道将来该怎么办，感觉前途茫茫，或者出现大脑一片空白，有时不知道自己在干什么。③悲伤。这是最常见的感觉和情绪，为亲人和其他人的死伤感到很难过，很悲痛。大多数人会大声号哭，或者不断地抽泣来宣泄或者舒解，少数人会表现得麻木冷漠，没有什么表情。④内疚。觉得没有人可以帮助自己，恨自己没有能力救出家人，希望死的是自己，而不是亲人。因为比别人幸运而感觉罪恶和内疚，感到自己做错了什么，或者没有做应该做的事情，从而导致亲人的死亡。⑤愤怒。觉得上天对自己不公平。救灾的行动怎么那么慢。别人根本不知道自己的需要，不理解自己的痛苦。⑥强迫性的重复回忆。一想到失去的亲人，心里觉得很空

虚，无法想别的事情。灾难的画面在脑海中反复出现。闭上眼睛，就会看到最恐惧、最悲伤的画面。⑦失望和思念。不断地期待奇迹出现，却一次一次地失望。失去了自己最爱的人，内心感到空荡荡的。想起死亡的亲人，受伤的其他人，常有像针扎心一般的感受。⑧过度反应。一是对与灾害相关的声音、图像、气味等反应过度。二是感到没有安全感，容易紧张焦虑。三是失眠做噩梦，易从噩梦中惊醒。四是特别想做事情，不能让自己停下来。

96 灾后人们常见的生理不适有哪些？

灾后容易出现的身体不适反应主要有易疲倦、发抖、抽筋、呼吸困难、喉咙及胸部感觉梗塞、记忆力减退、肌肉疼痛、眩晕、子宫痉挛、月经失调、心跳突然加快、腹泻等。

97 灾后出现心理及生理不适时，应当怎样帮助自己？

在灾难发生后，尽快恢复日常的生活状态是最重要的。以下就是一些简便的方法，可以用来帮助自己：

（1）首先要保证睡眠与休息。如果睡不好，可以做一些放松和锻炼的活动。可听音乐、看电视节目。

（2）要保证基本饮食和营养，这是战胜创伤和疾病的保证。因此不管有没有胃口，一定要正常吃饭。

（3）与家人和朋友聚在一起，不论有任何的需要，一定要向亲友及相关人员表达。不要隐藏自己的感觉，试着说出来，并且让家人一同分担。

（4）不要因为不好意思或者忌讳而逃避，可以向他人倾诉自己的痛苦，要让别人有机会了解自己。

（5）不要阻止亲友对伤痛的诉说。让他们说出自己的痛苦是帮助他们减轻痛苦的重要途径。

（6）不要勉强自己和他人去遗忘痛苦。伤痛会持续一段时间，这是正常现象，更好的方式是与朋友和家人一起去分担痛苦。

98 如果一直无法入睡，处于惊恐状态，该怎么办？

灾难过后，出现惊恐、担心、失眠等反应也是正常的。个别人由于逃生过程或者救助别人的过程，消耗了大量的体力，造成了精神的崩溃。有的人则会凭空听见有人叫自己的名字、与自己说话，或者命令自己做事情，比如把衣服脱掉，把东西给人等。还有的人会凭空怀疑周围的人是坏人，要抢劫或者谋害自己，因而感到十分恐惧。还有人感觉周围环境变得不清晰、不真实，如在梦中走到危险的地方也没有觉察。还可能出现幻觉，看到失去的亲人，听到不在身边的亲人的呼唤。经常夜不能寐，食不甘味，噩梦频频。灾难场景不断在脑海萦绕，挥之不去，听到灾难相关的消息即悲痛不已，或者恐惧不安。

这些应激反应一般在灾难发生后 48~72 小时逐步减轻，多数人在 30 日内明显缓解。出现这些情况，首先应当保证睡眠与休息，如果睡不好，可以做一些放松和锻炼的活动。其次应当保证基本饮食和营养。另外，与家人和朋友聚在一起，有任何的需求，一定要向亲友及相关人员表达。

少部分人遭遇灾难后的心理反应会持续数月，甚至数年，表现为创伤后应激障碍。灾后尽管时过境迁，但他们仍睹物思人，触景生情，灾难片段在脑海中、梦中反复闪现，甚至不愿在原来的环境中生活，不愿和人交往，表现得过于警觉等。这种情况就需要寻求心理专业人士帮助。

99 如何面对突如其来的丧失亲人的痛苦？

面对重大自然灾害，不管是面对自己亲人丧生，或者是面对和自己无关的人出现伤亡，自己没能及时去救助，都会有心理痛苦。这样的心理痛苦反应过程，具体表现如下：

（1）休克期。可能会出现情感麻木，否认事件。

（2）埋怨期。有些人会自责，后悔自己没有救出亲人，没有救出当事人。有些人会愤怒，对灾难造成的人员伤亡，感到非常生气。

（3）抑郁期。抑郁期会出现情绪低落，不愿意见人。特别是丧失孩子的家长，特别不愿意看到与自己孩子同龄的儿童。有些人什么都不想干，对什么都没有兴趣，夜间噩梦失眠等。

（4）恢复期。恢复期不再做噩梦，开始适应新的生活。在这期间，有以下心理自助方法：一是对于丧亲者而言，出现以上的心理反应是正常的。如以上反应持续时间超过半年或者过于强烈，则应寻求专业心理医生帮助。二是适当尝试表达哀伤、自责、愤怒等情绪，哭泣、向他人倾诉、写日记等方法，有利于情感的表达。也可以在网络上表达自己的情感。三是可以寻求家人和朋友的帮助与支持，向他们表达自己的需要，让大家一同分担痛苦。

100 如何判断自己和家人必须找心理咨询师或者治疗师？

人们在灾难之后，通常会出现一系列的诸如恐惧、悲伤、愤怒等正常的心理应激反应。但若体验到强烈的害怕无助或恐惧，或者同时具有如下表现，严重影响工作生活与人际关系时，可能需要寻求心理专业人士的帮助。

（1）彻底麻木，没有情感反应，经常发呆。对于现实有强烈的不真实感，对创伤事件部分或者全部失去记忆。

（2）脑海中或梦中持续出现灾难现场的画面，并且感到非常痛苦。

（3）回避跟灾难有关的话题、场所、活动，对生活造成严重影响。

（4）经常出现难以入睡，注意力不集中，警觉过高以及过分的惊吓反应。

此外，若上述反应并不强烈但持续时间长，也应当注意寻求心理专业人士的帮助。除上述情况之外，有些人可能还会出现其他的心理问题，包括酗酒、性格改变等，这些情况也应寻求心理专业人士的帮助。

附

相关应急
救护视频

1. 如何正确拨打急救 120

洛阳新区人民医院

李红梅

2. 洪水来临如何自救

河南省人民医院

王亚寒

3. 溺水自救与互救注意事项

河南大学第一附属医院

李江琳

4. 海姆立克急救法

河南大学第一附属医院

李江琳

5. 急救方法之心肺复苏

河南大学第一附属医院

李江琳

6. 止血的正确方法

河南大学第一附属医院

李江琳

[注] 为方便听读，本书视频中部分专家按习惯使用了机构简称。按全称（简称）格式列举说明如下：河南省卫生健康委员会（河南省卫生健康委），河南省疾病预防控制中心（河南省疾控中心），河南省疾病预防控制中心公共卫生研究所（河南省疾控中心公卫所），河南省疾病预防控制中心门诊部（河南省疾控中心门诊部）。

7. 伤员的包扎与搬运	8. 创可贴的正确用法	9. 牢记 9 句话 暴雨灾后不得病
河南大学第一附属医院	河南省疾病预防控制中心	郑州大学第三附属医院
李江琳	何景阳	刘芙蓉

10. 灾区如何做好 疾病防控	11. 洪涝灾害后， 要预防哪些疾病	12. 灾后安置点如何 防病防疫
郑州大学第一附属医院	河南省疾控中心 健康教育所	中华预防医学会
张科科	李 莹	冯子健

13. 谨防受灾群众安置 点结核病聚集性疫情	14. 受灾群众安置点针 对肺结核患者如何安置	15. 洪涝灾后 伤寒、副伤寒预防措施
河南省疾病预防控制中心	河南省疾病预防控制中心	河南省疾病预防控制中心
徐吉英	徐吉英	申晓靖

16. 洪灾过后，注意预防肠道寄生虫病

河南省疾病预防控制中心

邓 艳

17. 洪灾过后，注意预防虫媒寄生虫病

河南省疾病预防控制中心

刘 颖

18. 灾后应如何预防乙脑的发生

河南省疾病预防控制中心

宋 云

19. 暴雨过后关于手足口病的那些事

河南省疾病预防控制中心

王若琳

20. 洪涝灾害后如何做好新冠疫情防控

河南省疾病预防控制中心

卢世栋

21. 灾后出现虫咬性皮炎应采取哪些措施

河南省人民医院

卢祥婷

22. 洪水过后容易出现的皮肤病：真菌感染

河南省人民医院

李振鲁

23. 洪水过后容易出现的皮肤病：浸渍

河南省人民医院

李振鲁

24. 洪水过后容易出现的皮肤病：湿疹

河南省人民医院

李振鲁

**25. 奋战救援一线，
如何预防中暑**

郑州大学第一附属医院

兰　超

**26. 灾后孕妇在家中
如何检测胎儿安危**

郑州大学第三附属医院

刘芙蓉

**27. 暴雨过后孩子
出现腹泻怎么办**

郑州大学第三附属医院

刘芙蓉

**28. 两分钟了解破伤风
若您受伤可别大意**

河南省疾控中心门诊部

任高翔

**29. 如何正确处理
疖和痈**

河南大学第一附属医院

徐国良

**30. 洪灾期间及时关注
饮食卫生**

河南省疾控中心公卫所

付鹏钰

**31. 洪涝灾害后，
自来水还能不能饮用**

河南省疾病预防控制中心

王永星

**32. 洪水来临居家
应储存哪些食物**

河南省疾病预防控制中心

张广伟

**33. 洪水浸泡过的
粮食还能吃吗**

河南省疾控中心公卫所

袁蒲

34. 夏季洪水过后
食物如何存储

河南省疾病预防控制中心

李艳芬

35. 断电后冰箱里面的
食物，还能吃吗

河南省疾病预防控制中心

付鹏钰

36. 蔬果变质了
能否继续食用

河南省疾病预防控制中心

马青青

37. 夏季野蘑菇较多
但不可随意采食

河南省疾病预防控制中心

廖兴广

38. 被洪水浸泡过的
私家车如何消毒

河南省疾病预防控制中心

高丽君

39. 洪灾过后居家
环境卫生怎么做

河南省疾病预防控制中心

何景阳

40. 洪水过后，
居家如何消毒

河南省疾病预防控制中心

张 叶

41. 洪涝灾害居家
清洁消毒怎么做

郑州大学第一附属医院

张科科

42. 居家消毒——消毒
液的配置

河南省疾病预防控制中心

高丽君

43. 被洪水淹后餐厅如何消毒

河南省疾病预防控制中心

高丽君

44. 洪涝灾害过后，家中的餐具需要消毒吗

河南省疾病预防控制中心

付鹏钰

45. 洪水来临别紧张专家为您来指导

河南省精神卫生中心

张建宏

46. 灾后学会心理健康维护

河南省疾病预防控制中心

何景阳

47. 灾后孕妇出现心理问题如何应对

郑州大学第三附属医院

刘芙蓉

48. 受灾之后的心理自救之一

郑州市第八人民医院

杨勇超

49. 受灾之后的心理自救之二

郑州市第八人民医院

杨勇超

50. 受灾之后的心理自救之三

郑州市第八人民医院

杨勇超